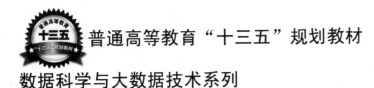

普通高等教育"十三五"规划教材

数据科学与大数据技术系列

创业基础与数据分析方法
——基于 R

苏连塔　主　编

王莲芳　林珊华　副主编

电子工业出版社

Publishing House of Electronics Industry

北京·BEIJING

内 容 简 介

本书以帮助大学生科学创业、提升创业成功率为目标而编写。全书共 14 章，第 1～4 章主要介绍创业的基本概念及基本知识，让学生了解创业的系统流程，培养学生的创业精神，种下创业的种子；第 5～7 章主要介绍在大数据时代下，学生在创业中必须掌握的简单的概率论原理，为学习后续内容打下坚实的基础；第 8～14 章主要介绍大学生在创业中为解决普遍遇到的统计问题而必须掌握的统计知识和统计方法，包括了数据的可视化，并通过实例让学生初步熟悉统计建模的思想。全书厚基础、重应用，既保证了理论体系严密，又注重可读性。本书力求使创业者能根据需要适时把数据分析的思想方法渗透到创业的基本知识之中，与创业基础有机结合，培养在创业中有效地收集数据、整理数据、分析数据，从而做出统计推断的意识和技能，为创业行动的整个过程提供更可靠的统计技术支持。本书免费提供教学资源，读者可登录华信教育资源网 www.hxedu.com.cn 下载使用。

本书可作为本科院校的创业教育教材，也适用于高职高专院校的创业教育课程，还可作为准备创业或正在创业者的自学用书或参考读物。

未经许可，不得以任何方式复制或抄袭本书之部分或全部内容。
版权所有，侵权必究。

图书在版编目(CIP)数据

创业基础与数据分析方法：基于 R / 苏连塔主编. —北京：电子工业出版社，2020.3
ISBN 978-7-121-35708-4

I. ①创… II. ①苏… III. ①统计数据－统计分析－高等学校－教材 IV. ①O212.1

中国版本图书馆 CIP 数据核字（2018）第 265127 号

策划编辑：秦淑灵
责任编辑：苏颖杰
印　　刷：三河市君旺印务有限公司
装　　订：三河市君旺印务有限公司
出版发行：电子工业出版社
　　　　　北京市海淀区万寿路 173 信箱　　邮编：100036
开　　本：787×1092　1/16　印张：12.25　字数：243 千字
版　　次：2020 年 3 月第 1 版
印　　次：2020 年 3 月第 1 次印刷
定　　价：45.00 元

凡所购买电子工业出版社图书有缺损问题，请向购买书店调换。若书店售缺，请与本社发行部联系，联系及邮购电话：(010)88254888，88258888。
质量投诉请发邮件至 zlts@phei.com.cn，盗版侵权举报请发邮件至 dbqq@phei.com.cn。
本书咨询联系方式：qinshl@phei.com.cn。

前　言

  2010年5月，教育部下发了《关于大力推进高等学校创新创业教育和大学生自主创业工作的意见》，要求各地大力推进创新创业教育。2012年8月，教育部印发的《普通本科学校创业教育教学基本要求(试行)》(教高厅〔2012〕4号)将"创业基础"课程定位为面向全体学生开设的公共必修课程。其教学目标是"通过创业教育教学，使学生掌握创业所需要的基础知识和基本理论，熟悉创业的基本流程和基本方法，了解创业的法律法规和相关政策，激发学生的创业意识，提高学生的社会责任感、创新精神和创业能力，促进学生创业就业和全面发展"。

  《2015年国务院政府工作报告》中将"大众创业、万众创新"列为我国经济增长的"双引擎"之一，国务院办公厅又先后下发了若干推进创新创业的指导意见。国家出台的鼓励企业创新创业的政策举措令人鼓舞，可以说，我国进入了创新创业期，大学生创新创业受到社会广泛关注。但是，大学生创业也存在不少问题。魏晓光、张学军等人发表在《现代经济信息》(2017年08期)上的《大学生创新创业能力素质测评及提升策略研究》一文中提到，大学生创业缺乏大数据分析的支持。该文指出，在市场竞争激烈的今天，要想创业成功，不仅要创立自己的品牌，而且要在客户群中建立起良好的信誉与口碑，能吸引客户不算成功，能留住客户才是胜利，大数据分析能帮助企业在市场中长期发展，通过各类分析了解客户的内心，就如同掌握了与客户合作的钥匙。要在市场中长远发展，就必须有大数据分析技术来支持，以有效减少客户流失，这样才能促进创业成功。众所周知，数据分析是大数据分析技术的底层理论之一。在当今和未来时代，管理者、决策者、产品经理、产品运营和开发工程师都需要具有数据分析的能力，大学生进行创新创业从一开始就需要初步具备数据分析与统计建模的能力，因为在创业过程中会面对需要处理大量的数据的情况。为了能够对这些数据进行科学的分类、筛选和定量化处理，以便从杂乱无章的数据中得出有助于对创业进行决策的结论，就必须掌握数据分析的基本方法。基于此，也为了顺应《福建省教育厅关于深化高等学校创新创业教育改革十六条措施的通知》(闽教学〔2015〕23号)中所提出的"调整专业课程设置，打通相近学科专业的基础课程，开设跨学科专业的交叉课程"的要求，本书区别于其他教材，首次把创业基础与数据分析方法结合在一起。在编写过程中，我们首先与创新创业学院的专家、教师充分探讨，以夯实创新创业的基础知识，为本书的撰写奠定了坚实的基础；然后深入学生，调查了解在创新创业过程中急需哪些统计知识，与从事创新创业教育的专家进行论证，遴选出对创新创业真正有用的统计学知识。

本书共有 14 章，融入了编者多年从事创业基础及数据分析等教学的实践心得和体会，在结构体系、内容安排、习题选择等方面充分考虑了本科院校的实际，尽量用通俗的语言进行叙述，并列举大学生创新创业或生活中的实例来说明问题。本书还具有如下特色：

1. 相比于其他教材，本书提炼出创业基础的基本知识，给出了创业机会的识别、评价与创业风险管理及创业资源的整合等内容，让学生对如何创业、怎样创业能有大概的认识，虽所占的篇幅不多，但能让学生明确本书把如何让大学生成功创业作为主要任务。

2. 为了让学生在今后的创业中慢慢熟悉直至掌握大数据分析技术，本书对大学生在创业中可能经常涉及的概率论原理、统计知识及统计方法等内容有所侧重，做到厚基础、重应用，让学生真正学到有用的统计学知识，也让他们明确具有数据分析的能力定能助成功创业一臂之力。

3. 为了有效地进行数据分析，本书简单介绍了统计软件 R 的操作，借助 R，可以从烦琐而不精确的查表中解放出来（本书根据需要只给出了泊松分布表、标准正态分布表），对属于简单劳动的计算进行"秒杀"；一些统计方法能让数据分析发挥出应有的效用，让创业者的思维更加缜密，帮助创业者更科学地进行决策，为创新创业行动提供更可靠的依据。

本书由苏连塔担任主编，王莲芳、林珊华担任副主编。本书第 1~4 章由王莲芳执笔，第 5~7 章由林珊华执笔，第 8~14 章由苏连塔执笔，全书由苏连塔统稿、定稿。

在编写本书的过程中，我们参阅了大量的文献资料，借鉴了一些专家学者的理论和观点，书中部分实例引自他人著作，在此表示衷心的感谢。由于编者水平有限，加之时间比较仓促，书中有错误或不当之处在所难免，恳请广大读者提出宝贵意见，以便今后改正。

编 者

目　　录

第1章　创业概述 ·· 1
　1.1　创业的定义 ··· 1
　1.2　创业的要素 ··· 2
　　　1.2.1　创业者 ·· 2
　　　1.2.2　创业资源 ··· 4
　　　1.2.3　创业机会 ··· 5
　1.3　创业的过程 ··· 8
　　　1.3.1　创业活动的过程 ·· 8
　　　1.3.2　创业过程的四阶段 ··· 9
　　　1.3.3　创业过程的两个经典模型 ··· 9
　思考与练习 ··· 13

第2章　创业机会的识别、评价与创业风险 ··· 14
　2.1　创业机会的识别 ·· 14
　　　2.1.1　环境分析法 ··· 14
　　　2.1.2　系统创新法 ··· 15
　2.2　创业机会的评价 ·· 15
　　　2.2.1　创业机会评价概述 ·· 15
　　　2.2.2　评价的一般步骤 ··· 16
　　　2.2.3　创业机会评价的方法 ··· 16
　2.3　创业风险 ·· 19
　　　2.3.1　行业风险 ··· 19
　　　2.3.2　市场风险 ··· 21
　　　2.3.3　现金流风险 ··· 23
　思考与练习 ··· 25

第3章　创业资源的整合 ·· 26
　3.1　创业融资 ·· 26
　　　3.1.1　创业融资分析 ·· 26
　　　3.1.2　创业所需资金的测算 ··· 28
　　　3.1.3　创业融资渠道 ·· 29
　　　3.1.4　创业融资的选择策略 ··· 31
　3.2　创业团队 ·· 34

		3.2.1 创业团队的概念	34
		3.2.2 创业团队的分工	36
		3.2.3 创业团队的组建过程	37
		3.2.4 创业团队的组建策略	39
		3.2.5 创业团队的管理	41
	思考与练习		48

第4章 创业计划书 ··· 49

4.1 创业计划书的作用与基本要素 ··· 49
    4.1.1 创业计划书的作用 ··· 49
    4.1.2 创业计划书的基本要素 ··· 50
4.2 创业计划书的撰写 ··· 51
思考与练习 ··· 57

第5章 随机事件与概率 ··· 58

5.1 随机事件和样本空间 ··· 58
    5.1.1 随机现象 ··· 58
    5.1.2 随机试验 ··· 59
    5.1.3 样本空间 ··· 59
    5.1.4 随机事件 ··· 59
5.2 事件的关系和运算 ··· 60
    5.2.1 事件的关系 ··· 60
    5.2.2 事件的运算 ··· 62
5.3 事件的概率与独立性 ··· 62
    5.3.1 概率的统计定义 ··· 62
    5.3.2 概率的公理化定义 ··· 63
    5.3.3 概率的古典定义 ··· 64
    5.3.4 概率的几何定义 ··· 65
    5.3.5 事件的独立性 ··· 66
5.4 乘法公式与伯努利概型 ··· 66
    5.4.1 条件概率与乘法公式 ··· 66
    5.4.2 伯努利概型 ··· 67
5.5 全概率公式与贝叶斯公式 ··· 68
    5.5.1 全概率公式 ··· 68
    5.5.2 贝叶斯公式 ··· 68
思考与练习 ··· 70

第6章 一维随机变量及其分布 ··· 71

6.1 随机变量与分布函数 ··· 71

  6.1.1 随机变量 ······ 71
  6.1.2 分布函数 ······ 71
 6.2 离散型随机变量及其分布 ······ 72
  6.2.1 离散型随机变量 ······ 72
  6.2.2 常见的离散型随机变量的分布 ······ 72
 6.3 连续型随机变量及其分布 ······ 74
  6.3.1 连续型随机变量 ······ 74
  6.3.2 常见的连续型随机变量的分布 ······ 76
 6.4 一维随机变量函数及其分布 ······ 80
  6.4.1 离散型随机变量函数的分布 ······ 80
  6.4.2 连续型随机变量函数的分布 ······ 81
 思考与练习 ······ 82

第7章 随机变量的数字特征 ······ 84
 7.1 数学期望 ······ 84
  7.1.1 一维随机变量的数学期望 ······ 84
  7.1.2 一维随机变量函数的数学期望 ······ 85
 7.2 方差和标准差 ······ 87
  7.2.1 方差的定义 ······ 87
  7.2.2 常见随机变量的数学期望和方差 ······ 88
 思考与练习 ······ 89

第8章 统计概述与 R 的初步使用 ······ 91
 8.1 统计概述 ······ 91
  8.1.1 统计的含义 ······ 91
  8.1.2 变量与数据 ······ 92
  8.1.3 统计中的几个基本概念 ······ 93
 8.2 R 的初步使用 ······ 96
  8.2.1 R 简介 ······ 96
  8.2.2 R 的下载与安装 ······ 96
  8.2.3 R 在线说明 ······ 97
  8.2.4 赋值 ······ 97
  8.2.5 矩阵、列表与数据框 ······ 98
  8.2.6 图形参数 ······ 99
 8.3 R 在常见分布概率计算中的应用 ······ 101
  8.3.1 常见分布的计算 ······ 101
  8.3.2 绘制常见分布的统计图 ······ 102
 思考与练习 ······ 104

第 9 章 数据的整理与可视化 106
9.1 数据的来源与预处理 106
9.1.1 数据的来源 106
9.1.2 数据的预处理 106
9.2 数据的可视化 108
9.2.1 定性数据的整理与图示 109
9.2.2 数值型数据的整理与图示 113
思考与练习 119

第 10 章 描述性统计量 121
10.1 集中趋势的测度 121
10.1.1 众数 121
10.1.2 均值 121
10.1.3 中位数 122
10.1.4 百分位数 123
10.2 分布离散程度的测度 123
10.2.1 极差和四分位差 123
10.2.2 样本方差与样本标准差、样本 k 阶中心矩 123
10.2.3 变异系数 124
10.3 分布的形状 124
10.3.1 偏度 125
10.3.2 峰度 125
10.4 在 R 中计算常用的描述统计量 126
思考与练习 128

第 11 章 抽样分布 129
11.1 三大统计分布 129
11.1.1 χ^2 分布 129
11.1.2 t 分布 131
11.1.3 F 分布 132
11.2 正态总体下常见的统计量的分布 134
思考与练习 136

第 12 章 参数估计 137
12.1 点估计 137
12.1.1 矩估计法 137
12.1.2 最大似然估计法 139
12.2 点估计的优良性 142
12.2.1 无偏性 143

  12.2.2 有效性 ··· 144
  12.2.3 一致性 ··· 145
 12.3 区间估计 ··· 145
 12.4 正态总体均值与方差的区间估计 ································ 147
  12.4.1 正态总体均值 μ 的置信区间 ································ 147
  12.4.2 正态总体方差 σ^2 的置信区间 ······························ 150
 思考与练习 ··· 153

第 13 章 假设检验 ·· 154
 13.1 假设检验的基本概念与原理 ······································· 154
  13.1.1 问题的提法 ·· 154
  13.1.2 假设检验的方法及其基本原理 ······························ 155
 13.2 单个正态总体参数的假设检验 ···································· 158
  13.2.1 单个正态总体均值的假设检验 ······························ 159
  13.2.2 单个正态总体方差的假设检验 ······························ 162
 13.3 假设检验问题的 p 值法 ·· 164
  13.3.1 p 值的定义 ·· 164
  13.3.2 p 值的计算 ·· 166
 思考与练习 ··· 167

第 14 章 一元线性回归 ··· 169
 14.1 相关分析 ··· 169
  14.1.1 相关关系 ·· 169
  14.1.2 相关分析与回归分析 ··· 169
 14.2 一元线性回归分析 ·· 171
  14.2.1 一元线性回归模型 ··· 171
  14.2.2 一元线性回归模型的估计 ······································ 173
  14.2.3 一元线性回归模型的检验 ······································ 175
  14.2.4 回归模型的预测 ·· 179
 思考与练习 ··· 182

附录 A 常用统计表 ··· 184

第1章 创业概述

1.1 创业的定义

所谓创业,《辞海》中的解释是"创立基业"。《现代汉语成语辞典》中对"业"有如下解释:学业、工作、就业、转业、事业、家业等。可见"业"的内涵极为丰富,从性质上看,可以是学业、专业、业务,也可以是家业、产业,甚至是工作、事业;从类别上看,有各行各业、各种职业和岗位,即所谓的"三百六十行";从范围上看,有个人的小业、家业,有集体的产业、企业、大业,有国家和社会的各项事业等。由于教育的本质是育人,因此创业教育的本质也在"人"而不在"业"上。理论界对"创业"这一概念具有代表性的表述有:霍华德 H.斯蒂文森(Howard H. Stevenson)认为,创业是一个人,不管是独立的还是在一个组织内部,追踪和捕获机会的过程,这一过程与其当时控制的资源无关,并指出:创业可由六个方面的企业经营活动来理解发现机会、战略导向、致力于机会、资源配置过程、资源控制的概念、管理的概念和回报政策。斯蒂文森进一步指出:创业就是察觉机会、追逐机会的意愿及获得成功的信心和可能性。

综合上述定义和教育部相关教学大纲的要求,我们将创业定义为是以获得利润为目的而进行的分析机会、设计模式、组合要素、提供产品或服务、与外部群体实现交换并独立承担风险的过程。根据这一定义,创业具有以下几个方面的特点。

(1)创业是以获取物质上的商业利润为目的的活动。这点区别于其他非商业活动,比如慈善、社区管理、教育等。

(2)创业需要分析机会、设计模式、组合要素等的系统运作过程。这区别于依靠偶然运气、机遇、关系、继承而获得收益的活动。

(3)创业必须提供产品或服务与外部进行交换。这区别于证券投资、彩票、诈骗等活动。

(4)创业必须独立承担风险。这是创业最根本的含义,区别于领取劳动报酬的职业化工作,即所谓的"打工"。

1.2 创业的要素

1.2.1 创业者

创业者是具有创业精神、能挖掘机会、组织资源、提供市场新价值的事业催生者和创造者。一家企业的发起通常涉及三个重要角色：发起人、经理人以及投资人。创业者是一个有愿景、会利用机会、有强烈企图心的人，愿意担负一项新事业、组织经营团队、筹措所需资金并承担全部或大部分风险的人。

1. 创业者的职能

创业者具有探索、发现的职能，创新、创造的职能，实践、管理的职能，改进、提高的职能，发展、进步的职能。

2. 创业成功者的特征

1) 创业成功者的知识结构

创业成功者的知识结构对创业起着举足轻重的作用。在商业竞争日益激烈的今天，单凭热情、勇气、经验或只有单一的专业知识，要想取得创业成功是很困难的。有关调查结果显示，各学历层次创业成功者所占比例从大到小排列分别是：高中学历者占39.7%，初中学历者占24.5%，专业学历者占22.3%，本科学历者占7.8%，研究生学历者占1.0%，其他占4.7%。这一调查结果虽然不一定具有普遍性，却至少说明如下两个问题：第一，即使最简单的创业，也需要一定的文化基础；第二，并非学历越高，取得创业成功的概率就越大。创业不是搞学术研究，它需要的知识是能解决实际问题的知识，这种知识从结构上说包括常识性知识、来自实践的经验性知识和创业活动所涉及的专业性知识。

(1) 常识性知识

常识性知识主要涉及商业常识、社会常识和管理常识。具体地说，商业常识有助于创业者了解经济发展的基本规律，遵守商业活动的基本规则，维护企业自身的正常运行；社会常识有助于创业者理解自身的社会角色，了解和满足消费者的个性化需求，理解和用好国家的政策，以及维护好自己的合法权益；管理常识有助于创业者理解人类的特性和行为方式，了解科学的经营管理知识和方法，以提高管理水平。

(2) 经验性知识

经验性知识主要涉及商业经验、社会经验和管理经验。这里说的经验是指通过亲身实践所获得的经验，因为创业活动所需要的上述经验，只有通过自己亲身实践、亲身体验，才能真正领会。有些学生说，我看过很多创业成功者的故事，有很"丰富"的经验了。但是过来人都知道，不经过亲身实践，这些成功者的经验是没法变成个人经验的，书读得再多也没有用，因为创业的成功是不可直接复制的。

(3) 专业性知识

专业性知识主要涉及与创业活动密切相关的具有较强专业性的知识。创业是开创一番事业。这个事业不管规模如何，都需要从事它的人比其他人做得更好、更专业，而要做到这点，创业者必须具备从事这项事业所需要的专业性知识。在创业界有个不成文的戒律——不熟不做。为什么？因为各行各业都有一些特殊的地方，如果对它不熟悉，不具备从事这个行业所必须具备的专业知识，就很难把它做好。

2) 创业成功者的能力结构

对从事创业活动而言，能力比知识和素质更重要。因为知识和素质都是潜在的，它们只有转化为能力，才能变成从事创业活动和实现创业目标所必须具备的本领，才能在创业实践中真正发挥作用。创业者所需要的能力虽然是多种多样的，但从总体上说，主要包括五个方面的能力，即机会捕捉能力、决策能力、执行能力、经营管理能力、交往协调能力。

(1) 机会捕捉能力

创业机会是创业的切入点和出发点，能否发现一个好的创业机会，是创业成功的关键因素。纵观古今中外的创业成功案例，可以发现，绝大多数创业成功者都具有非常强的机会捕捉能力。他们能够看到日常生活中被人忽略的细节，并在看似平常的反常现象中抓住问题的关键；他们有爱问问题和重新界定问题的习惯，能够从不同角度看问题，并善于挖掘隐藏在偶然事件中的必然规律。

(2) 决策能力

决策能力是创业者根据主客观条件，正确地确定创业的发展方向、目标、战略以及具体选择实施方案的能力。创业者的决策能力，具体包括分析能力和判断能力，即创业者要能够在错综复杂的现象中，通过分析理清事物之间的联系，判断把握事物的发展方向。从某种意义上说，创业者的决策能力就是良好的分析能力加上果断的判断能力。

(3) 执行能力

好的决策必须有好的执行才能变成现实。创业者与梦想者的最大区别，就在于创业者不但有发现商业机会的眼光，而且能够果断地决策和坚定不移地执行。好的执行能力首先是一种行动能力，不能光想、光说，不去做，而是有了想法就马上去做，正所谓"心动不如行动"。好的执行能力还是一种能够克服重重困难执行到位的能力，遇到困难就放弃不是好的执行，执行不到位等于没有执行。

(4) 经营管理能力

成功的创业者不仅要眼光锐利、决策果断、执行到位，而且必须善于经营管理。经营管理能力是一种较高层次的综合能力，是运筹性的能力。它涉及人员的选择、使用、组合和优化，也涉及资金的聚焦、核算、分配和使用等。经营管理也是生产力，它不仅会影响创业活动的效率，而且甚至会决定创业的成败。

(5) 交往协调能力

在社会分工日益细化的今天，创业者很难靠个人的单打独斗取得成功，必须具备交往协调能力。交往协调能力既包括妥善处理与政府部门、新闻媒体和客户之间的关系的能力，也包括平等地与下属交往和善于协调下属部门各成员之间关系的能力。企业与外界的接触越多，企业的规模越大，对创业者交往协调能力的要求就越高。

1.2.2 创业资源

1. 创业资源是创业的必要条件

创业资源是指新创企业在创造价值的过程中需要的特定的资产，包括有形与无形的资产，它是新创企业创立和运营的必要条件。也就是说，利用、管理好创业资源，是创业成功的重要因素。创业资源主要包括创业资本、创业人才、创业机会和创业管理。四种创业资源共同作用，形成创业产品和创业市场并决定创业利润的水平及创业资本的积累能力，进而左右企业成长发展的速度。

创业资源是创业过程中需要的各种生产要素和支撑条件。

2. 创业资源的类型

(1) 分类一

直接资源：财务资源；经营管理资源；人才资源；市场资源。

间接资源：政策资源；信息资源；科技资源。

(2) 分类二

人才和技术资源；财务资源；生产经营性资源。

(3) 分类三

核心资源：人力资源；技术资源。

非核心资源：资产资源；社会资源。

3．资源整合

(1) 有效地整合人脉资源

人脉资源的特性有长期投资性、可维护性、可拓展性、有限性、随机性、辐射性等。开发潜在的人脉资源的方式有熟人介绍、参与社团、利用网络、参与培训、参加活动，处处留心皆人脉。不怕拒绝，勇敢出击，创造机会。

(2) 整合人才资源保持创新能力

重视人才资源，将人才资源向人力资源转变。

(3) 整合信息资源，抓住成功创业的机遇

关于创业信息的整合与企业信息资源的管理有系统原则、可操作性、信息可靠原则和经济性原则等。

(4) 技术资源整合可以推动技术的不断创新

有效地整合资产资源，整合行业资源的优势，可以推动技术资源的发展。

(5) 有效地获取政府资源

政府资源有财政扶持政策、融资政策、税收政策、科技政策、产业政策、中介服务政策、创业扶持政策、对外经济技术合作与交流政策、政府采购政策。

整合政府资源的方式有：上政府网站查询，委托政策服务公司提供政策咨询；与有关部门保持密切的沟通；指定专人负责有关政策信息的收集。

1.2.3 创业机会

机会是具有时间性的有利情况。机会也是一个过程，是一个从开始时未成型但随着时间的推移变得成熟的过程。斯蒂文森将创业定义为察觉机会、追逐机会的意愿及获得成功的信心和可能性。蒂蒙斯则认为，创业机会是创业的核心与驱动力。可见，创业机会是决定创业成败的关键要素。

1．创业机会的定义

什么是创业机会？不同的研究者有不同的观点，实难统一。无论怎样表述创业机会，均包含需求被满足或创造的可能性这层意义。利用这种可能性，企业才可能实现利润目标。创业机会是指开创新事业的可能性，以及通过自身努力实现创业成功的可能性；是指在市场经济条件下，在社会的经济活动过程中形成和产生的一种有利于企业经营成功的因素，是一种带有偶然性并能被经营者认识和利用的契机。创业机会的内涵包括以下四个方面。

(1) 创业机会是满足潜在需求的可能性。
(2) 创业机会是创造潜在需求的可能性。
(3) 创业机会满足的需求必须是有效需求。
(4) 创业机会是一种高度的可能性。

2. 创业机会的分类

正确认识创业机会的类型，对于识别机会、评估机会以及选择机会具有重要意义。根据不同的标准可以用不同的方法划分创业机会。

1) 根据创业机会出现的特征及持续的时间划分

(1) 突发式短期机会，如"事件营销""热潮"。
(2) 孕育式周期机会，如"战术营销""流行时尚、风格"。
(3) 演化式长期机会，如"战略营销""趋势"。

2) 根据机会来源及发展程度划分

这种分类方法确定了以下两个指标。

(1) 机会状态，本质是市场需求的状态，分为"已识别"和"未识别"两种。
(2) 资源与能力，本质是企业供给能力，分为"确定"和"不确定"两种。

这样，就将市场经济的两个根本矛盾因素——供给与需求结合了起来。按照这种分析方法，市场存在四种机会，见表1-1。

表1-1 市场存在的四种机会

资源与能力	机会状态	
	未识别	已识别
不确定	梦想	解决问题
确定	技术转移	创业形成

3. 创业机会的来源

从来源上讲，创业机会分为政策性机会、技术性机会和市场性机会。

(1) 政策性机会

政府的法律和政策是人们开展经济行为的风向标，创业者要顺应法律和政策的动向，去寻找和把握创业机会。特别是当社会处于转型或变革之际，政府在产业发展等方面出台法律或政策，实际上就是对产品或服务的范围和结构进行调整。在这种情况下，新的市场机会必然出现。

(2) 技术性机会

技术性机会主要源自新的科技突破和社会科技进步。通常技术上的变化或多种技术的组合,都可能给创业者带来某种商业机会。

新技术代替旧技术,实现新功能、新产品的新技术的出现,但新技术会带来新问题,为消除新技术的某些弊端,再去开发其他新技术并使其商业化。

(3) 市场性机会

市场上出现了与经济发展阶段有关的新需求,市场供给缺陷会产生新的商业机会和先进国家或地区产业转移带来的市场机会,可从中寻找差距,而差距中往往隐含着某种商机。创业是建立在市场机会基础上的,对创业者而言,迅速发现市场机会、评估市场机会存在的商业潜能的能力是至关重要的。

德鲁克(管理大师)提出创业机会来自七大方面:意料之外的事情;不一致的状况;基于程序的欠缺;基于行业与市场机构的变化;人口统计技能;基于价值观与认识的改变;新知识。

除德鲁克外,一些学者也提出了其他的创业机会来源,包括创新思维提出的理念、科技发展、市场变化、政策导向、人们生活中的问题。

虽然通过系统研究发现机会是重要的途径,但是创业者长期的观察和生活体验也很重要。

4. 创业机会的特征

创业机会具有隐蔽性、时效性、偶然性与必然性。也有一些学者提出创业机会具有以下特征。

(1) 普遍性

凡是有市场、有经营的地方,客观上就存在着创业机会。

(2) 偶然性

对一个企业来说,创业机会的发现和捕捉带有很大的不确定性,任何创业机会的产生都有"意外"因素。

(3) 消逝性

创业机会存在于一定的时空范围之内,随着产生创业机会的客观条件的变化,创业机会会相应地消逝和流失。

怎样的可能性才能构成商机?必须区别"创意"与"商机"这两个不同的概念。创意是一种未经论证的构思、直觉和想象,市场需求具有不确定性。只有经过市场论证、企业有能力进行资源把握、能够帮助企业实现利润的创意才能转化为商机。

商业机会具有可利用性、永恒性和适时性三个特点。

商机的可利用性是指商机对创业者具有价值。创业者可以利用它为他人和自己谋取利益。这体现在为购买者和最终使用者创造和增加价值的产品或服务以及为自己赚取的利润上。

商机的永恒性是指商机永远存在，看你能否发现和识别。环境变化、经济转型、市场机制不完善、信息不对称、市场空白等都孕育着无限的商机。

商机的适时性是指一个机会转瞬即逝，如果不及时抓住，就可能永远错过，因此及时发现、识别和抓住有价值的创业机会是成功创业的第一步。

1.3 创业的过程

1.3.1 创业活动的过程

1．发现和评估市场机会

对于一位目光敏锐的创业者来说，市场机会每时每刻都会出现。但是，并不是所有的市场机会都是通向成功与财富的康庄大道；相反，许多时候，看似有前景的市场机会背后，往往隐藏着陷阱。

因此，在发现市场机会后，对市场机会进行客观的评估，以理性的方式来决定下一步的行动是一名优秀的创业者所必须具备的能力。

2．撰写创业计划书

如何撰写创业计划书呢？要视计划书的对象不同而有所不同，是写给投资者看，还是拿去办理银行贷款，目的不同，计划书的重点也应有所不同。

撰写创业计划书必须明确六个"C"：概念(Concept)、客户(Customers)、竞争者(Competitor)、能力(Capability)、资本(Capital)、永续经营(Continuation)。

3．确定并获取创业所需的各种资源

创业企业需要对创业资源区别对待，对于创业十分关键的资源要严格地控制使用，使其发挥最大价值，而且掌握尽可能多的资源有益无害。

4．管理新创企业

从企业发展的生命周期来说，新创企业会经过初创期、早期成长期、快速成长期和成熟期。在不同的阶段，企业的工作重心有所不同。因此创业者需要根据企业成长

的不同时期来采取不同的管理方式和方法,以有效地控制企业成长、保持企业的健康发展。

1.3.2 创业过程的四阶段

第一阶段:识别与评估市场机会,包括确定机会的估计与实际的价值,机会的风险与回报,机会、个人技能与目标,竞争状态。

第二阶段:准备并撰写创业计划书,进行战略环境分析、创业团队准备、创业心理准备。创业计划书包括营销计划、组织计划、财务计划、运营计划、生产计划。

第三阶段:确定并获取企业所需资源,包括确定创业者现有资源、研究资源缺口与目前可获得的资源供给、通过一定渠道获得其他所需资源。

第四阶段:管理新创企业,包括确定管理方式,创建企业文化,研究成功的关键因素,进行创业管理、组织与人事管理、技术与产品管理、市场营销管理、财务管理、财务管理、战略管理。

1.3.3 创业过程的两个经典模型

1. 蒂蒙斯(Timmons)模型

蒂蒙斯于1999年出版的《新企业的创建》中提出了一个创业管理模型,如图1-1所示。他认为,成功的创业活动必须对商机、创业团队和资源三者进行最适当的匹配,并且还要随着事业的发展不断进行动态平衡。创业过程由机会启动,在创业团队建立以后,就应该设法获得创业所必需的资源,这样才能顺利实施创业计划。

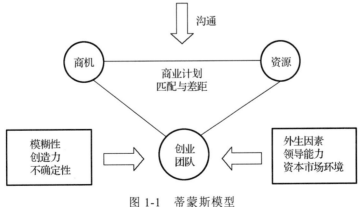

图 1-1 蒂蒙斯模型

蒂蒙斯认为，在创业前期，机会的发掘与选择最为关键；创业初期的重点则在于组建创业团队；新事业启动以后，才会产生增加资源的需求。在创业的过程中，机会模糊、市场不确定、资本市场风险以及外部环境变化等因素经常影响创业活动，使创业过程充满了风险，因此，创业者必须依靠自己的领导、创造和沟通能力来发现和解决问题，掌握关键要素，及时调整商机、资源、创业团队三者的组合搭配，以保证新创企业顺利发展。在蒂蒙斯模型中，商机、资源和创业团队这三个创业核心要素构成了一个倒立三角形，创业团队位于这个倒立三角形的顶点。在创业初始阶段，商机较多，而资源较稀缺，于是三角形向左边倾斜；随着新创业企业的发展，可支配的资源不断增多，而商机则可能会变得相对有限，从而导致三角形向右倾斜。创业者必须不断寻求更多的商机，并合理使用和整合资源，以保证企业平衡发展。商机、资源和创业团队三者必须不断动态调整，以实现动态平衡。这就是新创企业的发展过程。蒂蒙斯模型十分强调三要素之间的动态性、连续性和互动性。

2. 威克姆（Wickham）模型

威克姆在其论文《战略型创业》中提出了基于学习过程的创业模型。该模型的意义在于，创业活动需要创业者、机会、组织和资源四个要素，这四个要素互相关联；本质上，创业者的任务就是有效处理机会、资源与组织之间的关系，实现要素间的动态协调和匹配；创业过程是一个不断学习的过程，而创业型组织就是学习型组织，它通过学习来不断改变各要素间的关系，实现要素间的动态平衡，最终成功完成创业。

这个创业模型告诉我们，创业者处于创业活动的中心地位。创业者在创业中的职能体现在与其他三个要素的关系上，即识别和确认创业机会，管理创业资源，领导创业组织。该模型还揭示了资源、机会与组织三要素之间的相互关系。资本、人力和技术等资源应该用来开发和利用机会；通过整合资源来创建组织，包括组织的资本结构、组织结构、程序和制度以及组织文化等；组织的资产、结构、程序和文化等应该构成一个有机的整体，以适应要开发的机会。为此，必须根据机会的变化不断进行调整。这个模型把创业型组织看作学习型组织。

威克姆模型的特点主要在于，创业者作为调节其他创业要素之间关系的中枢，承担着确认机会、管理资源和带领团队实施创业活动的职能。在这个过程中，组织不断学习，而创业者根据机会来调动所需的资源，领导组织适应机会的变化，最终取得创业成功。

案例分析

从月亏 5000 元到年赚 18 万元

背景

渝北宝圣大道有一家不显眼的小店,进去后却别有洞天:成排的书架、精致的手工点心、新鲜烘焙的咖啡……除了品书,这里还会定期举行电影欣赏活动。这家名为"豆芽咖啡馆"的小店,是由 4 名西南政法大学的本科生创办的,如今他们已经开设了另外两家分店。

25 岁的徐涛算是 4 人中的引领者。当时,他发现学校周边没有特色咖啡馆,加之自己非常喜欢咖啡馆的氛围,于是决定在学校附近开一家咖啡馆。徐涛一进校就认识的其他 3 位合作伙伴,一听到徐涛的创业想法就一致赞同。

创业初期,徐涛等 4 人将平时积攒下来的零花钱、奖学金、生活费以及兼职挣的钱凑到一起,共筹集了 10 万元启动资金。2010 年 8 月,他们以接近每月 4000 元的价格,在离学校不远的邻街租了一个约 150 平方米的二层铺面。

在装修、购置设备上,他们想方设法节省开支。从二手市场淘桌椅、饰品,然后回来自己上漆改造,自己粉刷墙面。在装修店面的同时,他们还拜高级咖啡师为师,研习咖啡技术,以及经营咖啡店的相关知识和经验。经过差不多两个月时间的认真准备,咖啡馆终于正式开门营业。

自咖啡馆正式营业后,徐涛他们就开始忙不过来了,为了经营好咖啡馆,常常是凌晨 2 点才睡觉,而早上 7 点又要起床上课。尽管如此,大家还是觉得很值得。

每月亏损 5000 元,他们转而将咖啡和图书相结合

在开店之前,他们 4 个人就做好了明确的分工,有负责做线上、线下宣传的,有负责运营的,有负责财务的。可店开了近一周的时间,来的客人并不多,除了来捧场的熟悉的同学外,不认识的客人屈指可数。

由于客人少,又要缴纳房租、水电气费,店里每月基本亏损 5000 多元。同时,周边的 KTV、茶吧、咖啡馆也多了起来,使原本就不好的生意雪上加霜。

其间，徐涛与其他3位合伙人想到把咖啡馆与书店结合起来，通过环境优势吸引客人。于是，他们就把自己平时收藏的图书搬到店里，后期又与"青番茄"合作共建咖啡图书馆，向同学们提供免费借阅图书的服务。

同时，徐涛又对咖啡馆的咖啡品质进行了提升，为此，徐涛还前往当时重庆唯一的自家烘焙咖啡馆——"Mola咖啡"学习。通过升级改造，店里的生意有了很大的起色。

盈利后开分店欲打造重庆咖啡文化

在差不多亏损了3个月后，店里的生意逐渐好起来，有的客人来晚了，常常会没有位子。客人太多，麻烦事也来了，本来店里是要给客人提供清静、舒适、放松的阅读环境，但人多后环境就会嘈杂，影响客人的阅读质量。于是，开分店迫在眉睫。

2011年6月6日，第一家分店"豆芽六月六号咖啡馆"开业；2012年4月，第二家分店"豆芽转角咖啡馆"也正式开业。如今，3个店加起来每月盈利在15000元左右，每年有18万元左右的收入。但是，大家并没有急于分红，而是将赚来的钱继续投资，提升咖啡馆的品质，努力打造重庆地区的校园品牌咖啡馆。

当初创业的4个人，后来有两人继续在西南政法大学读研究生，另两人毕业后全职运营咖啡馆。徐涛与朋友们只有一个简单的想法——以咖啡馆为载体，真正将咖啡与书香融合，为重庆本地的咖啡文化贡献自己的力量。

（案例来源：全国大学生创业服务网，http:/cy. ncss. org,cn/cydx/cydx/274894.shtm.）

分析

由徐涛带领的4名大学生在读书期间创办了一家名为"豆芽咖啡馆"的咖啡厅，在创业初始阶段，他们自筹资金、自学技术，耗费了大量的时间，付出了极大的努力，却连续3个月每月亏损5000多元。由此可见，创业是一个充满不确定性的过程，创业者在创业的过程中需要具备承担各种风险的勇气和能力。然而，徐涛及其伙伴并没有被创业带来的困难吓倒，没有停止继续创业的步伐。为了扭亏为盈，他们重新审视在创业过程中遇到的问题。结合问题，他们开始整合自身的优势资源寻求新的机会。因此，他们在提升咖啡品质的同时，以咖啡馆为载体，将咖啡馆和书店结合起来，做到咖啡与书香相融合。这既符合校园品牌咖啡馆自身的优势，又打造出区别于周边其他咖啡馆的特色，使徐涛及其伙伴的创业得以实现价值的增值。

思考与练习

1. 你对创业了解多少？
2. 你适合创业吗？
3. 创业需要具备哪些要素？
4. 通过本章的学习，你觉得创业要经过哪些过程？

第 2 章 创业机会的识别、评价与创业风险

2.1 创业机会的识别

创业机会的识别一直是创业领域的关键问题之一。Shane Venkataraman(2000)指出,如何发现和开发创业机会是创业研究领域应当关注的关键问题。真正的创业过程开始于商业机会的发现。事实上,通过大量以组织成长作为创业过程核心线索的研究,一些研究人员已经开始认识到,机会研究是创业研究的中心问题,创业过程是围绕着机会的识别、开发、利用的一系列过程。对创业者来说,能否正确把握创业机会,并通过充分的开发形成一个成功的企业,是创业者应当具备的最重要的能力之一。因此,创业者尤其需要在机会识别上投入较多的关注,为成功创业打下良好的基础。创业机会识别的影响主要体现在创业者自身、社会网络和创业环境三方面。

第一,创业者自身的认知学习能力是创业机会识别的重要影响因素,较强的学习能力能促使个体更有效地提升机会识别的能力。

第二,社会网络是个体获取创业信息的重要渠道,对信息的收集和加工是机会识别的重要基础,在社会网络构建和利用的过程中,沟通能力起到了重要作用。

第三,创业环境中包含各种资源,如技术、政策、市场需求等。个体只有具有高强度的资源整合能力才能更为有效地进行创业机会识别。

创业机会可以通过环境分析法及系统创新法进行客观的识别。

2.1.1 环境分析法

环境总是变化的,变化意味着机会或威胁。

宏观环境指影响企业经营的抽象环境,主要包括政治法律(P: Politics)环境、经济(E: Economics)环境、社会文化(S: Society)环境及技术(T: Technology)环境等。

微观环境指的是影响企业经营的具体行业与产业环境,主要包括竞争者、替代品经营者、供应商、消费者、社会公众等。

环境分析法就是通过系统地设置观测指标(观测点),对环境变化做客观的定期的记录并分析指标的变化,从而识别可能带来的市场机会或威胁,是一种客观的、程序化的、定期式的机会(威胁)分析方法,弥补了创业者主观把握机会的局限性。

环境分析法包括许多具体的分析工具，主要有宏观环境分析中的"PEST法"和微观环境分析中的"利益相关分析法"，这两种分析方法的程序基本一致。

2.1.2 系统创新法

创造性机会的本质在于创新，而不是被动利用环境机会。创造性机会的利用完全掌握在创业者自己手中，它不是潜伏在企业的外部环境中的，而是隐藏于创业者及其团队的智慧中的，是需要创业者及团队通过一定方法开发、识别出来的，客观的、程序化的创新方法，可以称为系统创新法，它可以帮助创业者开发和识别创造性市场机会。

系统创新法就是通过程序化、条理化、客观化的思维发展激发创造力，发现新事物、新方法、新观念的创意开发方法。常见的具体方法主要有头脑风暴法（也叫脑力激荡法）、多屏幕系统展开法、功能分析法等。

每种方法遵循的具体流程都不同，但基本都包括以下几个要点。
(1) 集中不同角色的群体参与。
(2) 不加限制地自由联想、讨论、交流，提出各种可能或不可能的想法。
(3) 接受来自各方的对这些想法的质疑、批评。
(4) 形成机会选项。
(5) 创业机会识别依赖的首先是前期经验，其次是专业知识，最后是创造性。

在日常的学习和生活中如何识别创业机会呢？可从以下三个方面入手：一是发现问题；二是技术创新；三是市场变化。

创业方向应选择熟悉的项目，注重发挥自身的资源优势，资金周转期要短，选择需要人手少的行业。

创业机会的识别可以从以下角度进行：经济学的角度、认知科学的角度、创业机会属性和创业主体特性的角度、创业过程的角度。

2.2 创业机会的评价

2.2.1 创业机会评价概述

所有的创业行为都来自自认为绝佳的创业机会，创业团队与投资者对创业前景寄予极高的期望值，创业者更是对创业机会在未来所能带来的丰厚利润和成功满怀信心，但悲剧却时常发生。

创业者应该先以比较客观的方式对创业机会进行评价。

评价是一个对评价对象的判断过程，是一个综合计算、观察和咨询的复合分析过程。

2.2.2 评价的一般步骤

评价的一般过程如下：确认评价标准→决定评价情境→设计评价手段→利用评价结果。

创业机会评价亦是如此。评价创业机会是一项创业者商业才华和科学才能相结合的工程。

创业者需要利用自己的商业敏感对创业机会做出主观判断，同时也要利用一定的科学方法对创业机会的可行性做出定量分析，以降低创业风险，增加创业成功率，修正创业项目及创业团队。

2.2.3 创业机会评价的方法

1．蒂蒙斯的创业机会评价

1)行业与市场

(1)市场容易识别，可以带来持续收入。

(2)顾客可以接受产品或服务，并愿意为此付费。

(3)产品的附加值高。

(4)产品对市场的影响力大。

(5)将要开发的产品生命长久。

(6)项目所在的行业是新兴行业，竞争机制不完善。

(7)市场规模大，销售潜力达到1000万～10亿元。

(8)市场成长率为30%～50%，甚至更高。

(9)现有厂商的生产能力几乎饱和。

(10)在5年内能占据市场的领导地位，达到20%以上。

(11)拥有低成本的供应商，具有成本优势。

2)经济因素

(1)达到盈亏平衡点所需的时间为1.5～2年。

(2)盈亏平衡点不会逐渐提高。

(3)投资回报率在25%以上。

(4)项目对资金的要求不是很高，能够获得融资。

(5) 销售额的年增长率高于15%。

(6) 有良好的现金流，能占到销售额的20%~30%。

(7) 能获得持久的税后利润，税后利润要超过10%。

(8) 能获得持久的毛利，毛利率要达到40%以上。

(9) 资产集中度低。

(10) 运营资金不多，需求量是逐渐增加的。

(11) 研究开发工作的要求不高。

3) 收获条件

(1) 项目带来的附加值具有较高的战略意义。

(2) 存在现有的或可预料的退出方式。

(3) 资本市场环境优势，可以实现资本的流动。

4) 竞争优势

(1) 固定成本和可变成本低。

(2) 对成本、价格和销售的控制能力较强。

(3) 已经获得或可以获得对专利所有权有保护。

(4) 竞争对手尚未觉醒，竞争能力较弱。

(5) 拥有专利或具有某种独占性。

(6) 拥有良好的网络关系，容易获得合同。

(7) 拥有杰出的关键人员和管理团队。

5) 管理团队

(1) 创业者团队是一个优秀管理者的组合。

(2) 行业和技术经验达到了本行业的较高水平。

(3) 管理团队的正直、廉洁程度达到较高水平。

(4) 管理团队知道自己缺乏哪方面的知识。

6) 致命缺陷

不存在任何致命缺陷。

7) 创业者的个人标准

(1) 个人目标与创业活动相符合。

(2) 创业者可以做到在有限风险下实现成功。

(3) 创业者能承受薪水减少等损失。

(4) 创业者渴望创业这种生活方式，而不只是为了赚钱。

(5) 创业者可以承受适当的风险。

(6) 创业者在压力下依然状态良好。

8) 理想与现实的战略性差异

(1) 理想与现实情况相吻合。

(2) 管理团队已经是最好的。

(3) 在客户服务管理方面有很好的服务理念。

(4) 所创办的事业顺应时代潮流。

(5) 所采取的技术具有突破性，不存在许多替代品或竞争对手。

(6) 具备灵活的适应能力，能快速地进行取舍。

(7) 始终在寻找新的机会。

(8) 定价与市场领先者几乎持平。

(9) 能够获得销售渠道或已经拥有现成的网络。

(10) 能够允许失败。

2．中国学者的创业机会评价

1) 市场评价

(1) 是否具有准确的市场定位，专注于具体顾客要求，能为顾客带来新的价值。

(2) 依据波特的五项竞争力模型进行创业机会的市场结构评价。

(3) 分析创业机会所面临的市场规模的大小。

(4) 评价创业机会的市场渗透力。

(5) 预测可能取得的市场占有率。

(6) 分析产品成本结构。

2) 效益评价

(1) 税后利润至少高于 5%。

(2) 达到盈亏平衡的时间少于 2 年。

(3) 投资回报率高于 25%。

(4) 资本需求量较低。

(5) 毛利率高于 40%。

(6) 能创造新企业在市场上的战略价值。

(7) 资本市场的活跃程度。

(8) 退出和收获回报的难易程度。

2.3 创业风险

创业意味着风险,所有创业的人都会承受一定的风险,关键是谁能承受风险。这犹如古代神话中所讲述的,如果你想拿到山上的宝葫芦,就需要通过很多关、打败很多妖怪。在穿越风险的过程中,有的人积累了知识,有的人积累了经验,但零点调查集团董事长袁岳说:"我认为更重要的是积累了心理素质。"

国外有一句谚语:"除死亡、税收外,没有什么是确定的。"同样地,对于创业来说,"除风险外,没有什么是确定的"。实际上,这就指出了风险存在的普遍性。一般意义下的风险,指的是导致各种损失事件发生的可能性,在未演化成威胁之前,并不对创业活动造成直接的负面影响,所以说,风险是一种未来的影响趋势。而创业风险则指给公司财产与潜在获利机会带来损失的可能性。这里所说的公司财产,不仅是指那些具有实际物理形态的物资,如库存或设备等,同时还包括公司人力资源、技术和声誉等其他"软"物资。

任何一家运营中的企业每天都会面临一定的风险,新创企业也不例外。风险是可以被感知和认识的客观存在,无论从微观角度还是宏观角度,都可以进行判断和估计,从而对创业风险进行有效的管理。因此,新创企业在开办之初就要查找并确认企业可能存在的各种风险,制定并执行各种有效的应付风险的对策,把风险损失控制在企业所能承受的最小范围内。

2.3.1 行业风险

1. 认清行业的风险

刚刚走出校门的大学生要加入创业行列,首先面对的是对行业的选择。俗话说得好,"女怕嫁错郎,男怕选错行"。所以,选择一个投资少、利润高、风险小、前景好的行业是创业者创业成功的第一步。

哪些行业适合大学生创业呢?目前,计算机、互联网、生物科技、管理咨询等新兴经济产业,都已被列入创业者的候选名单。事实上,任何行业都存在风险,风险的大小既决定于行业在市场中的地位,又因人而异。

软件开发、网页制作、网络服务、手机游戏开发等高科技领域对于如今的大学毕业生来说最有吸引力,因为大学生本身就身处这些领域的前沿,在这些领域里创业,大学生有近水楼台先得月的优势,但并非所有的大学生都适合在这些领域里创业。一般来说,技术功底深厚、学科成绩优秀的大学生才有成功的把握。同时,高科技领域既有高收益，也存在高风险。这些领域的创业项目成本较低，有几张桌子、几台计算机、一部电话就可开业，但也并非零风险，当大家都一拥而上时，就意味着这个行业的利润率在降低，风险在增大。

如今，市面上又兴起了加盟创业方式。对创业资源十分有限的大学生来说，借助连锁加盟的品牌、技术、营销、设备优势，可以用较少的投资，跨过较低的门槛实现自主创业。但连锁加盟市场中鱼龙混杂，大学生涉世不深，在选择加盟项目时更应注意规避风险。一般来说，大学生创业者资金实力较弱，以选择启动资金不多、自己较熟悉的项目为宜。

自主开店是大学生创业的一个重点选择领域。一些大学生在学校内部或周边开办餐厅、咖啡屋、美发屋、文具店、书店等，一方面，可充分利用高校的学生顾客资源；另一方面，由于熟悉同龄人的消费习惯，因此入门较为容易，应该说是不错的选择。但是，毕竟大学生的资金有限，不可能选择最适合开店的黄金地段，因此也存在着客源不足的风险。

与一些追求高科技行业的毕业生相反，有的创业者在饮食、流通等这些所谓的"低"科技行业中把握了机会，实现了自己创业的理想。

总之，任何行业都存在风险，创业者只有根据自身特点，找准"落脚点"，才能闯出一片真正适合自己的新天地。

2．做好行业风险的防范

虽说大学生创业者因年轻而有犯错误的本钱，但是如果误入不适合自己创业的行业，一旦陷入其中，付出的不仅仅是金钱，还有一种成本，那就是时间。另外，如果把握住创业之初这几年的时间，就有可能成为该行业的专家或领跑者。所以，在决定进入某行业时，一定要考察该行业是否适合自己安身立命。

(1) 考察行业产品或服务的市场饱和度

在选择进入某行业之前，调查了解该行业产品或服务的市场占有率是否已经饱和是必要的环节。如果已达到饱和，后来者要想介入，肯定会有相当大的难度。

(2) 与行业竞争者比较竞争优劣

把自己计划经销的产品或服务项目与其他竞争者进行比较，从质量、性能、功用、造型、吸引力等方面进行全方位的对比分析。如若两者相差无几，自然不具备竞争力，因为其他竞争者是先进入市场的，顾客没有必要弃旧用新；但若创业者能对产品或服务项目进行一些改进，并符合顾客的要求，则另当别论。当然，若是自己拟经销的产品在各个方面或大部分领域都优于其他竞争者，那就应毫不犹豫地开始自己的创业。

(3) 抓住顾客心理

创业者无论进入哪个行业，都离不开产品或服务。顾客购物的心理是十分复杂的，他们固然喜欢质量可靠的名牌产品，但也乐意接受充满温情的营销形式和优质服务。质量是硬性的、显性的，而服务则是软性的、隐性的。在产品的质量相差不大时，经销商在经营形式和服务方法上的改进会为顾客提供更进一步的方便和帮助。因此，后进入市场的创业者应该在顾客心理上多下功夫。如果你认为先进入市场的行业竞争者已经在这方面做得很好，限于各种条件，你又一时难以赶上，那么还是应三思而后行，考虑是否有必要一定进入这个行业。

第一，选择产品或服务的前提是赚钱。

创业者在进入一个行业时，千万不要让所谓超前意识所蒙蔽，尽量不要选择过分生僻、过分前卫的产品，而要考虑产品无论新老，一定都要有切实的消费者和利润跟随。

第二，不要被眼前的现象所迷惑。

有些企业在推出新品时，非常善于炒作，这时创业者一定要睁大自己的眼睛，千万不要被那些赚一把就走的厂商所欺骗。回顾中国的市场营销历史，暴起的产品一定暴跌，产品寿命很难超过两年，因为这个产品是靠机遇和炒作起家的，在产品质量、品牌、销售能力上都无深厚积累。

还有一些对投资和人手配备要求不高的加盟项目或许风险小些，想从小本经营开始的创业者不妨一试，但是也要注意，千万不要让那些恶意诈骗者钻了空子，最好选择运营时间在 5 年以上、拥有 10 家以上加盟店的成熟品牌。

2.3.2 市场风险

1. 正确估计市场风险

创业者在创办自己的企业时，最需要关注的就是市场。如果企业生产的新产品或服务与市场不匹配，不能适应市场的需求，就可能面临巨大的风险。这种风险具体表现在以下几方面。

(1) 市场的接受能力难以确定

由于实际的市场需求难以确定，当创业者推出自己的新产品或服务后，可能由于种种原因而遭到市场的拒绝。

(2) 市场接受的时间难以确定

创业者如果推出的是新产品，产品推出后，顾客由于不能及时了解其性能，常常对新产品持观望、怀疑态度，甚至做出错误的判断。因此，从新产品推出到顾客完全接受有一个时滞，如果这一时滞过长，则必将导致创业者的开发资金难以收回。

(3) 竞争能力难以确定

绝大多数产品常常面临激烈的市场竞争，这种竞争不仅有现有企业之间的竞争，同时还有潜在进入者的威胁。创业者的企业可能由于初期生产成本过高，或缺乏强大的销售系统，或新产品用户的转换成本过高而常常处于不利地位，严重的还可能面临生存危机。

2. 怎样规避市场风险

规避市场风险的办法就是在产品和服务推广之前，一定要做好市场调研，研究、分析市场是帮助创业者擦亮眼睛、认清自己，准确找到市场定位，研究消费人群，为有目标地投放市场提供有效依据。

不少创业者在创业初期常常会提出这样的问题：如何在短期内让企业盈利？如何做促销活动，快速销售产品？却从未想过先做一下市场调研，结果常常是盲目地将产品推向市场，最后铩羽而归。

一般来说，市场调研的具体内容包括以下几个方面。

(1) 消费者调研

消费者调研主要是了解消费者的具体特征、变动情况和发展趋势，分析购买动机、购买行为、购买习惯以及新产品进入市场时消费者的购买原因和反应等。

(2) 需求调研

需求调研可以了解现有市场特性、产品的占有率以及不同细分市场的需求状况，分析产品市场的进入策略和时间策略。

(3) 产品调研

产品调研是针对需求所做的调查，主要包括新产品市场开拓调查、旧产品改良调查、单纯的产品竞争调查和品牌转移调查等。

(4) 广告调研

广告调研主要包括广告诉求研究、效果研究、媒体研究和受众研究等。

(5) 价格调研

价格调研主要有产品定价研究、价格组合策略研究等。

(6) 销售调研

销售调研是针对产品在各渠道的销售数量进行的调查与分析，主要是分析产品各个时期的销售变动规律及销售环境。

2.3.3 现金流风险

现金流风险指的是新创企业在企业运营过程中出现资金短缺而导致损失的可能性。

1．现金流短缺的主要原因

企业的现金流包括经营活动产生的现金流、投资活动产生的现金流和融资活动产生的现金流。

(1)在经营活动产生的现金流中，销售产品获得的现金是最主要的现金流入来源。新创企业在产品市场开拓上遇到的困难包括销量低迷、需求不稳定、行业发展速度不足以支持企业的发展等，这些都会直接影响到现金流入的稳定性和充足程度。出现实际现金流入过少不一定是因为产品销量和需求量少，而是居高不下的应收账款。另外，对于资金捉襟见肘的新创企业而言，吸引人才和控制人工成本是一对必须处理的矛盾。当新创企业与成熟企业竞争优秀人才时，遥远的愿景远没有现实的激励来得直接和有效。

(2)对于投资活动产生的现金流，需要特别关注投资回收与投资支出金额的匹配情况。新创企业在创业构想短期实现的激励下，容易有扩大投资的冲动，过度关注规模扩张而忽视了投资的收益问题。

(3)对于融资活动产生的现金流，新创企业的融资渠道相对单一，可选择的融资方法较少，容易在现金流饥渴的驱动下，接受筹资成本较高的资金。如果新创企业经营活动的收益低于筹资成本，这样的融资活动对于原本就现金流短缺的企业无疑是雪上加霜。

2．现金流短缺的其他原因

(1)融资计划没有远见，后续工作不充分

对于研究开发新产品的新创企业来说，融资取得成功后，企业会按照计划投入资金、人才等进行近期的产品开发。如果创业者仅仅考虑近期的资金需要，而没有考虑企业长远的资金需求，也没有做长远的财务预测和财务计划，等到研发过程结束后，产品市场可能并未按照创业者的计划成长起来，前期的投资成果无法得到市场的认可和回报；或者研发出来的新产品要进入市场时，第一轮所融资金大部分在开发期间已经用完，研发的新产品要进入市场并获得消费者的认可，需要企业努力拓展市场，培养产品的市场成熟度，此时已经没有充裕的资金来进行市场拓展工作，再次融资为时已晚，市场先机有可能被竞争对手抢去，企业将陷入市场和资金的双重困境。

(2)内控体系不健全，现金支出失控

过度关注市场运作，忽视资金内部控制系统的建立与健全，会导致企业的衰败。

(3) 盲目投资

亚细亚公司在4年时间内,先后开办了15家大型连锁百货分店,在自有资金不足4000万元的条件下,进行了近20亿元的超级扩张。巨人大厦从最初的18层一直增到70层,投资从2亿元涨到12亿元,而当时的资产规模只有1亿元。这些巨大的投资项目,使公司有限的财务资金被冻结,周转产生困难,造成资产盈利性与流动性的矛盾,从而陷入财务困境。

3. 防范现金流风险的方法

(1) 构筑内控体系可以通过费用支出结构分析以及支出的必要性和经济性分析,采取相应措施改善费用支出的效果。可在企业一线"供产销"全过程中融入相互牵制、相互制约的制度,建立以防为主的监控防线。

(2) 用收付实现制的会计原则来管理现金流。

权责发生制是在费用和销售发生时入账,收付实现制是在付出和收到现金时入账。前者不能真实反映现金的流入和流出,报表上的业务收入和净利润值并不是企业实际交易发生的现金状况;后者与现金流一致,利于现金流管理。创业者必须时刻关注现金流量表。仔细分析预算的现金流量与现实的现金流量的差距,采取有针对性的措施改善现金流状况。

(3) 变短期激励为长期激励,减缓短期现金流压力。

高额的短期激励方式不仅会增加企业现金流的负担,而且不具有对员工的长期约束效果。从人才选择职业的风险来看,进入新创企业相比进入成熟企业来说要承担更大的风险,这种风险主要来自新创企业未来发展的不确定性。因此,员工通常会要求高于成熟企业的回报,包括物质方面的回报和学习、能力增长等自身成长方面的回报。新创企业不仅需要为员工规划清晰的发展前景,还必须支付相对较高的人工成本。为减缓短期现金流压力,可采取变短期激励为长期激励的策略。

案例分析

室内无线电话大王梁理文

梁理文是加籍华裔。1967年,香港发生暴动,不少富人纷纷举家移民,他却带着9000美元积蓄到香港闯天下。当时美国假发流行,他就从事假发生产,他买来美国假发进行研究加以改进完善，然后在香港出售，很快赚了钱。他的"雅士发厂"很快发展到拥有 2000 多名工人、2000 多台机器。28 岁的梁理文也从假发行业中赚得 700 多万美元。

正当假发业全盛之际，梁理文决定停止生产假发，原因是，他发现在美国已开始流行牛仔裤。他敏感地认识到，穿牛仔裤是崇尚自然、无拘无束的表现，而假发则是在盛大舞会或庄重的社交场合上与典雅衣着的配合之物，如果穿牛仔裤戴假发则很难看，当时黑人也开始戴假发，表明假发已到了盛极必衰的地步，于是他果断关闭了假发厂。

一次他在美国逗留时，无意间看见一只显示数字的手表，这只手表深深吸引了他。可是这只手表当时售价昂贵，他忍痛买了下来，凭着一种敏锐的市场判断能力和思维习惯，他产生了生产一种超薄型电子手表的念头。当时虽已有电子手表问世，但不流行，以高科技闻名于世的日本生产的电子手表外形笨重而且生命周期很短。梁理文试制了一只仅有 4 毫米厚的超薄型电子手表，很快在美国找到了大买家。这种超薄型电子手表的成本只有 3.5 美元，可售价高达 47 美元，为此他赚了 900 多万港元。

经营电子手表不过 2~3 年，他又转向室内无线电话研究，当时这种电话已在美国流行，但市场却是日本人的天下，他决定击败日本人，夺取美国市场。他终于成功了，他的产品成功地挤入了美国市场并战胜了日本索尼和松下，代替了日本产品。

梁理文还从医生为他针灸治疗腰疼中发现了商机，由于他对一支支几英寸长的针刺入皮肤望而生畏，便利用针灸原理发明了一种以电流刺激神经的新产品。

分析

梁理文从新事物的出现中发现机会，又从环境的改变中创造了机会，对于他这样的人，到处蕴藏着创业机会。我们如何寻找和识别创业机会？机会的识别并不难，就看你是否是个有心人。创业者可以从各种途径、采用多种方法来寻找和识别创业机会。

思考与练习

1. 发现问题与创业机会之间的关系是什么？
2. 创业机会的来源有哪些？如何识别创业机会？
3. 如何对创业机会进行评价？
4. 创业投资的风险来源有哪些？创业投资的管理应该注意什么？

第3章 创业资源的整合

3.1 创业融资

人们常说,如果企业家是驱动一个公司的引擎,那么资金就是推动它的燃料。创业离不开资金,创业者要使企业成立并能够运营,融资是不可回避的问题。企业需要多少资金?何时需要?这些资金能撑多久?从何处、向谁筹集资金?这个过程应该怎样编排,怎样管理?这些问题对于企业的任一发展阶段,对于任何创业者来说,都是至关重要的。本章的内容致力于帮助创业者解决以上问题。

在美国华尔街有一句流传甚广的名言:"失败起因于资本不足和智慧不足。"研究者询问创业者创办新企业最关注什么,普遍的回答就是"筹资"。资金对于创业者的重要性不言而喻,但很少有创业者一开始就有充足的资金,特别是在校或刚毕业的大学生,因为大学生创业本身就是充满风险的活动。《2012年中国大学生就业报告》显示,2011届大学毕业生自主创业比例为1.6%;同时,有数据调查显示,68.12%的创业大学生因"缺乏资金"而宣告失败。

3.1.1 创业融资分析

1. 创业融资的必要性

企业创建需要获得初始资本,随后开展的经营活动需要运营资本,资本是企业创建和生存发展的一个必要条件,企业从最初建立到生存发展的整个过程都需要融资。创业融资是创业企业在新创、运营过程中,适时、有效地获取所需资金的过程。

多数企业在创业初期需要筹集资本,主要基于对资本投入、启动资金、现金流和漫长的产品研发期的考虑。企业在早期需要购买资产、建造建筑物、购置机器设备等固定资产或者投资于其他资本项目,这需要大笔资本的投入。在接下来的运营过程中,企业研发、新产品或新服务的开发、日常经营以及扩大市场规模等也需要巨大的前期投资。

2. 创业融资难的原因

新企业融资困难，主要是因为创业者和投资者的信息不对称，以及创业过程中存在不确定性，由此导致创业风险。

(1) 信息不对称

信息不对称指交易中的各人拥有的信息不同，在创业融资中体现为投资者没有或不能辨别创业者拥有或意识到的关于商业机会的信息。在筹资过程中信息不对称主要有以下两个方面的原因。

第一，创业机会的稀缺和对商机的追逐导致信息不对称。创业者发现宝贵的创业机会后，不愿向投资者透露过多的信息，包括创业项目的可行性、创业企业的财务状况等。一方面，投资者拥有开发商业机会所必需的资金；另一方面，如果其他人知道这个信息，也将追逐同样的机会，所以创业者需要对有关商业机会及其开发方法的信息保密，这就导致投资者不得不在信息少于创业者的条件下制定对新企业的投资决策。

第二，创业者可能存在的道德风险导致信息不对称。创业者拥有信息优势，一旦他们存在道德风险，就有可能利用投资者。存在道德风险的创业者可以利用他们的信息优势从投资者那里获取资金，用来谋取自己的利益而不是企业的利益，将筹集来的资金挪做他用。

(2) 不确定性

创业有风险，新创企业的未来非常不确定，在创业融资中便产生如下的一系列问题。

第一，新创企业的不确定性，导致了投资决策的高风险。通常，投资者投资创业项目的前提是有一个好项目和一个好团队。因此，投资者尽量搜集有关项目的信息，评价该项目是否具有投资价值，如新产品需求、企业的财务绩效、创业者管理企业的能力等，并依此做出投资决策。与此相悖的是，在创业者获得融资并开发商业机会之前，以上信息并不能被确切地知晓，如果创业者没有一项专利技术或者没有成功创办企业的长期记录(而大多数新创企业不具备这些)，投资者就不得不在可靠证据非常少的基础上对新企业进行投资决策，由此导致了高风险。

第二，新创企业具有不确定性，导致创业者和投资者对新创企业价值的认识经常存在分歧。没有人真正知道一家新创企业会赚取多少利润，创业者处于亢奋期，往往对自己的新企业过分乐观，极力说服投资者相信企业的盈利能力，而投资者对新创企业盈利能力的评价往往会低于创业者，因此在制定投资决策时，两者往往会面临关于新创企业价值的艰难谈判。

第三，同样由于新创企业的不确定性，投资者希望能够有投资担保。当创业者的新企业被证明没有价值时，投资者为了减少预期损失，希望创业者能偿付全部所融资金，很明显，如果企业经营失败，创业者难以偿付投资者为其企业投放的资金。因此，投资者要求创业者提供房产等资产作为担保，而许多创业者在早期并没有任何有价值的资产，否则他们就可以自己提供资金了。所以，现实中银行更愿意将贷款投放给大中型企业，这也导致小企业创业融资出现了在银行贷不到款、家庭支持有限、风险投资不易获得的现实困境。

3.1.2 创业所需资金的测算

1. 为什么需要测算所需资金

新创企业确切地知道需要多少资金很重要。一方面，融资需要成本，资金不足会影响生产经营和投资活动的正常进行，资金过剩则会影响使用效果，增加融资成本，增大财务风险。企业不希望陷于资金短缺的困境，但也不想为不需要的资本付费。另一方面，在与潜在的贷款者或者投资者商谈时，对自己企业所需资金量不确定，会给对方留下准备不够充分的印象，投资者出于投资风险的考虑，会影响其投资决策的制定。

2. 创业融资的财务战略框架

制定与实施创业计划的一个重要工作是做好创业前的财务准备，这也是制定创业融资策略的前提。创业企业财务管理与企业战略之间的关系密不可分，图3-1所示的财务战略框架可引导我们编制财务战略和融资策略，该图提供了具体的流程并表明了各部分之间的逻辑关系：商机引导并决定了企业战略，企业战略又决定了财务需求、融资资源和交易结构以及财务战略。该图不仅为创业企业制定财务战略、确定融资需求定了基础，而且为企业选择融资方式、制定融资策略提供了一个整体思路。

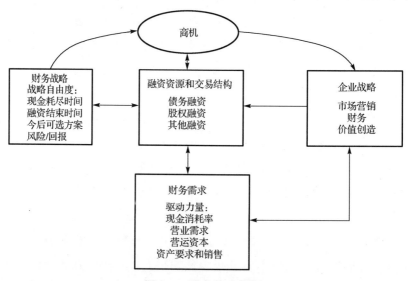

图 3-1 财务战略框架

3. 创业企业启动资金的测算

确定了企业战略和财务战略，便可在此基础上确定企业财务需求。不同类型企业在营运过程中的营运资本、投资和费用所需资本有较大的差异，大体可以通过预编财务报表、现金流量表并进行盈亏平衡分析，来预测资本的需求。

这里主要介绍普通创业企业启动资金的内容。为了保证企业在启动阶段业务运转顺利，在业务经营达到收支平衡之前，创业者需要准备足够的资金以备支付各种费用，这些费用叫作启动资金。专家建议创业企业在启动阶段，至少要备足 6 个月的各种预期费用。公司投入运营之后，很难立即带来收入，创业者最好对所有可能发生的意外情况都有所准备，并测算其总费用。启动资金的类型、包含的内容及明细如表 3-1 所示。

表 3-1　启动资金的类型、包含的内容及明细

启动资金类型	包含的内容	明　细
固定资产	企业用地和建筑	
	设备	机器、工具、车辆、办公家具等
流动资金	购买并储存原材料和成品的费用	购买的原材料和商品存货
	促销费用	广告、有奖销售、上门推销、搞活动表演等的费用
	工资	创业者的生活费用、员工的工资
流动费用	租金	办公场所、仓库等的租金费用
	保险费用和其他费用	保险费、电费、水费、交通费、办公用品费
开办费	办公费、验资费、装潢费、注册费、培训费、技术转让费(用于买专利)、营业执照费、加盟费等	

3.1.3　创业融资渠道

有关数据显示，85%的初次创业者都是在资金不足的情况下走上创业之路的。资金不足并不表示不可能创业，因为这个时代可以有很多途径获得资金。

1. 自我融资

创业者自我融资主要依赖自己的存款，这是新创企业创建初期的一个重要的资金来源。研究者发现，70%的创业者依靠自己的资金为新创企业提供融资。即使是具有高成长潜力的企业，在很大程度上也依赖创业者的存款提供最初的资金。例如，阿里巴巴最初的资金来源于"十八罗汉"自己凑的 50 万元，蒙牛的创业资金来源于几个创始人卖掉股票凑的 100 多万元。

2. 亲朋好友融资

亲朋好友被称为早期创业企业的潜在天使投资人，是常见的启动资金的来源。大

多数创业者都知道,比天使投资和风险投资融资更快、更容易的方式就是向自己认识的人借钱。事实上,大多数天使投资人在投资创业公司之前都"要求"创始人能从朋友和家人那里得到一些资金。

对大学生来讲,无论是出于对其生活的帮助还是对其事业的支持,亲朋好友一般都会在创业起步阶段借贷部分资金予以帮助,而不像专业投资者那样要求快速的回报。同时,亲朋好友不会像专业的天使投资人那样要求创业者有精练的商业模式和准确的财务报表,但是他们也希望看到一些事实,比如激情、沟通、价值、共同分享利润等,这也给创业者提出了不断完善、提高企业价值的挑战。

3. 风险投资

风险投资也称创业投资,是指风险投资者寻找有潜力的成长性企业,投资并拥有这些企业的股份,在恰当的时候取得高资本收益的一种商业投资行为。风险投资多来源于金融资本、个人资本、公司资本以及养老保险基金和医疗保险基金等。投资领域主要是高新技术产业,包括计算机、网络和软件产业、医药、医疗保健产业、通信产业、生物科技产业、航天科技产业等。投资方式可分为一次性投入和分期分批投入,分期分批投入比较常见,既可以降低投资风险,又有利于加速资金周转。

风险资本投资者除为新创企业提供资金外,还帮助新创企业识别关键员工、消费者和供应商,并帮助制定实施运营政策和战略。由于风险资本投资者与承担首次公开上市的投资银行家有一定的关系,所以风险资本支持的创业企业比其他创业企业更有可能公开上市,因此风险资本家也是非常苛刻的投资者,很少有需要者能达到他们的融资标准。

4. 天使投资

天使投资是指富有的个人直接对有发展前途的创业初期小企业进行权益资本投入,在体验创业乐趣的同时获得投资增值。天使投资是创业企业早期面向成长时期的重要权益资金来源。天使投资者通常有以下两类人:一类是成功的创业者,他们主要基于自己的经验提携后来者;另一类是企业的高管或者高等院校和科研机构的专业人员,他们拥有丰富的创业知识和洞察力,希望通过自己的资金和专业经验帮助那些正在创业的人们体验创业激情和社会荣誉感、延续他们的创业梦想,期望投资回报,所以称为天使投资。天使投资是风险投资的一种特殊形式。

5. 商业银行贷款

商业银行贷款是中小企业最努力尝试的融资渠道,但成功率非常低,中小企业从银行获得的贷款不足银行系统贷款总量的10%,这主要是因为中小企业经营状况的高风险性与银行业的审慎原则显著冲突,银行在贷款过程中过于注重抵押物,因此不论发达国家还是发展中国家,中小企业从金融机构的贷款数量均受到很大限制。尽管如此,仍有众多中小企业乐此不疲。但当企业发展到一定阶段,具有一定的信誉、资产或其他担保时,商业银行贷款就成为创业资金的主要来源。

6．担保机构融资

新创企业融资难,其中一个重要问题就是信用不足。为解决中小企业融资难,我国从 1993 年开始设立专业性担保公司,担保公司由此作为一个独立行业出现。担保公司通过放大财务报告不规范、尚未成长起来的小企业的信用,达到为小企业增信的目的,从而解决中小企业融资难题。融资性担保机构对中小微企业的帮扶作用日益增强,创业企业在没有固定资产等抵押物的前提下,凭借担保公司的信用担保,就能从银行贷到周转资金。同时,担保公司可以利用最高为注册资本 10 倍的杠杆来进行融资性担保,可以为缺乏银行抵押物的中小企业分忧解愁,成为为创业企业解决筹资难题的一大途径。

7．政府创业扶持基金融资

近年来,国家大力倡导创新创业,各级政府出台了一系列相应的创业扶持政策,特别是针对大学生创业的扶持政策。例如,《2012 年国家鼓励普通高校毕业生自主创业政策公告》从放宽市场准入条件、享受资金扶持政策、实行税收减免优惠、提供培训指导服务等方面对大学生创业给予了创业扶持的指导意见,各地政府也相继出台了相关政策,采取了相关措施。

以广东省为例,2011 年,广东省发出《关于进一步做好小额担保贷款推动创业促就业工作的通知》,明确进一步加大大学生创业的政策扶持力度,保证创业工作成效,对符合要求的项目,省财政全额贴息,同时将贷款最高额度提高至 8 万元;2013 年,又将申贷额度提高到 10 万元;对于符合条件的创业者,政府部门还可给予一次性 5000 元的奖励。据新华网报道,从 2009 年开始,广东省财政每年安排 5000 万元专项资金,支持科技型中小企业发展,其中大学生创业项目作为重点支持专项,也被列入支持项目。

各省、直辖市、自治区均有专门的大学生创业扶持基金,以及大学生创业大赛项目平台,除提供奖金、大学生创业服务外,还为大学生提供创业信息、就业创业培训。企业的注册、财务、税务、管理、运营等问题,均可以由此得到不同程度的解决。

3.1.4 创业融资的选择策略

1．结合创业发展阶段,选择合适的融资方式

(1)种子期的融资选择

不同发展阶段的创业企业具有不同的融资需求特征。在种子期,创业者需要投入

大量资金开发新产品、新工艺,投入新设备等,而企业没有任何销售收入和盈利记录,风险巨大,风险承担能力有限,商业银行和证券市场不可能为此时期的创业企业提供资本。创业者自己或亲朋好友的资金资助、政府资助是种子期重点考虑的融资手段。除此之外,天使投资者也常为处于起步阶段的企业提供资金,因此,测算创业不同阶段的资金需求量、撰写好商业计划书、争取天使投资者的青睐,是创业企业初期阶段常见的融资准备工作。

(2)启动期的融资选择

在启动创立期,企业产品处于开拓阶段,资金需求量大且急迫。由于企业成立历史短、业务记录有限,投资机构评估比较困难,传统投资机构和金融机构对其提供资金的难度大,担保机构、风险投资机构是其重要选择,此时可以进一步修改完善商业计划书,吸引包括天使投资在内的风险投资。

(3)成长期的融资选择

在成长期,企业销售额迅速增长,企业希望扩大生产线,实现规模效益,便需要大量外部资金的注入。此阶段由于有了一定的商誉和一定的抵押资产或担保,融资渠道相对比较通畅,可以考虑吸引风险投资等股权融资方式,也可选择银行贷款等债务融资方式,可视企业的具体情况而定。

(4)扩展期的融资选择

在扩展期,企业迅速扩张,拥有一定的业绩,风险显著降低,进入稳步发展的轨道,融资需求规模进一步扩大。由于企业的市场前景已相对明朗,所以专门为创业企业融资服务的创业板市场能够也愿意提供支持,部分企业开始进入创业板市场,在公众市场上筹集进一步发展所需的资金。

整个创业企业发展过程中的资金来源可直观地从图3-2中看出来。

2. 合理选择股权融资与债务融资

企业在特定的时期既需要债务融资又需要股权融资。大多数创业者一开始都采取股权融资来刺激增长,一旦企业自身的价值提高了,他们便转而寻求债务融资。一般情况下,在投资的早期阶段,负债比出让股权更便宜,但股本投资者愿意承担更大的风险。因此,股权融资在早期启动阶段是最好的选择,尤其是在研发以及产品开发阶段;它也适合后续阶段的融资,例如,为了市场营销和加速发展而引进高资历的员工并使销售额加速增长。债务融资则较适用于营运资本及基础建设。

债务融资和股权融资到底如何影响企业的盈利能力和现金流呢?债务融资使企业家承担起偿还本金和利息的责任,而股权融资迫使企业家放弃部分所有权和控制权。

极端地说,创业者有两种选择:一是不放弃企业的所有权而背负债务;二是放弃部分所有权以避免借贷。在绝大多数情况下,债务融资和股权融资两者结合起来才是最适合的。许多新企业发现债务融资是必要的,短期(1年或者更短)借贷通常是营运资金所要求的,并由销售收入或其他收入来偿还;长期(1～5年或者5年以上)借贷主要用于购买产权或设备,并以购买的资产作为抵押品。表3-2展示了股权融资和债务融资各自的优点和缺点。

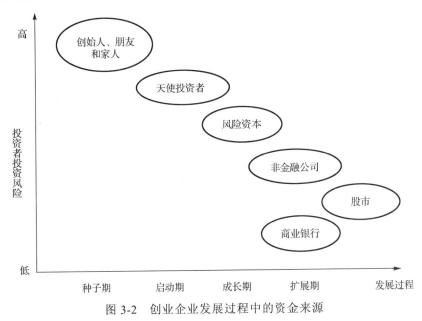

图3-2 创业企业发展过程中的资金来源

表3-2 股权融资和债务融资各自的优点和缺点

股权融资		债务融资	
优 点	缺 点	优 点	缺 点
能提供大量的资金注入	通常仅可获得较大金额的资金	可根据创业者的要求借贷不同的金额	构成还债义务
无须支付利息	意味着"卖掉"公司的一部分	只要偿付了,就不会影响创业者对公司的所有权	支付利息——影响获利能力
无偿付资金的义务	风险投资者希望他们的投资会有高回报(至少增长25%)		一般要求有抵押品,而且银行会保守地看待资产的价值
	投资者可能会要求创业者买下他们的股票		如果创业者是向朋友和亲人借钱的,他的人际关系就会随着公司破产而被破坏

创业企业在融资过程中可以实施融资组合化,合理、有效的融资组合不但能够分散、转移风险,而且能够降低企业的融资成本和债务负担。另外,创业者要经常分析宏观经济形势、货币及财政政策等,及时了解国内外利率、汇率等金融市场的信息,预测影响融资的各种因素,以便寻求合适的融资机会,做出正确的融资决策。

3.2 创业团队

3.2.1 创业团队的概念

虽然有价值的创业机会和有进取心的创业者个体本身是创业活动的重要成功因素，但是不可否认的是，外部的支持对于高速成长的企业极其重要，因为创业者需要大量的资源，包括资金、设备、空间以及信息等，为了有效吸收外部资源，以团队的形式来创业，各个团队成员以其不同的背景、经验，以及社会关系，可以为创业活动带来多样化的资源，同时，团队也可以共同承担风险，降低企业失败的可能性。出于这些因素，现代创业活动已非纯粹的追求个人英雄表现的行为，成功的创业个案大都与团队运作密切相关。许多调查显示，团队创业成功的概率要远远高于个人独自创业。因此，我们需要考察创业团队的特征以及与创业活动的关系。

不同的学者从不同的角度界定了创业团队(Team)的定义。Kamm Nurick(1993)认为，一群人经过创意构想阶段后，决定共同创业并将企业成立，这群人就是创业团队。Katzenbach Smith(1993)认为，一个团队由少数具有技能互补性的人所组成，他们认同一个共同目标和一个能使他们彼此担负责任的程序。Lewis(1993)认为，团队由一群认同并致力于去达成一共同目标的人所组成，这群人相处愉快并乐于在一起工作，共同为达成高品质的结果而努力。Gaylen等人(1998)认为，创业团队指的是当企业成立时，对企业有掌控力的人或在营运前两年加入的管理成员，对企业没有所有权的雇员并不算在内。Mitsuko Hirata(2000)认为，创业团队的定义是那些全心投入企业创立过程，且共同分享创业的困难及乐趣的成员，他们的共同目标是全心全意要让组织成长。

因此，根据不同学者的定义以及对于创业实践的考察，我们认为创业团队就是围绕着核心创业者的一群创业伙伴，他们通过创业热情和一套权责分明的制度整合在一起，拥有共同的创业目标，同时在创业中能够形成良好的优势互补，共同为实现创业的价值创造而努力。

从创业团队的定义可以看出，创业团队需具备5个重要的组成要素，由于其英文单词的首个字母都是P，由这5个要素构成的模型也被称为5P模型，如图3-3所示。

1. 目标(Purpose)

创业团队的存在使得创业活动中的各项事务依靠团队来运作，而不是依靠个人。创业团队应该有一个既定的创业目标，成为团队共同的奋斗理想。缺乏共同的目标会使得团队没有凝聚力，即使团队能够为了解决生存问题暂时走到一起，一旦没有了生存的压力，团队成员就会发生分裂，这种分裂对于创业企业来说是致命的。因此，创业者在组建团队的时候，需要设定正确的目标，并且把这一目标积极地向其他成员传递。团队的共同目标也使得团队成员相信他们处在一个命运共同体中，相信他们正在为企业的长远利益工作，正在成就一番事业，而不是把企业当作一个快速致富的工具。因此，团队成员追求的是最终的资本回报及带来的成就感，而不是当前的付出、收入和地位。

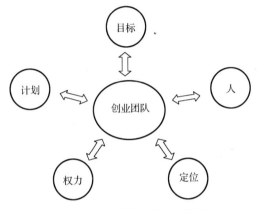

图 3-3 创业团队的 5P 模型

2. 人（People）

创业团队的构成是人，在创业企业中，人力资源是所有创业资源中最活跃、最重要的资源。创业的共同目标是通过人员来实现的，不同的人通过分工来共同完成创业团队的目标，所以人员是创业团队建设中非常重要的一部分，创业者应当充分考虑团队成员的能力、性格等方面的因素。当然，人本身也是情感动物，人与人之间可以存在和发展信任，但是同时也可能出现分歧。因此，在团队成员管理方面，不能进行僵硬的机械化管理，必须积极引导，用价值观和发展目标来凝聚团队成员。

3. 定位（Place）

定位指的是创业团队中的具体成员在创业活动中扮演的角色，也就是创业团队的分工定位问题。定位问题关系到每个成员是否都对自身的优劣势有清醒的认识。创业活动的成功推进，不仅需要整个企业能够寻找到合适的商机，而且需要整个创业团队能够各司其职，并且形成良好的合力。因此，每个创业团队成员都应当对自身在团队中的位置有正确的定位，并且根据这种定位充分发挥主观能动性，从而推进创业成长。

4. 权力（Power）

为了实现创业团队成员的良好合作，赋予成员一定的权力是必要的。我们在讨论创业者的个体特征的时候,谈到了控制欲望,事实上,即使是团队成员,对于控制力的追求也是他们参与创业的一个重要原因。为了满足这一要求,需要分配权限给他们,以达到激励的效果。对于创业活动来说,所面临的是动态多变的环境,管理事务也比较复杂,创业团队的每个成员都需要承担较多的管理事务,客观上也需要创业团队成员有一定的权力,使其能够在特定的条件下进行决策。因此,权力的分配有利于提高团队的运作效率。

5. 计划(Plan)

计划是创业团队未来的发展规划,也是目标和定位的具体体现。在计划的帮助之下,能够有效制定创业团队短期目标和长期目标,能够提出目标的有效实施方案,以及实施过程的控制和调整措施。这里所讨论的计划可能尚未达到商业计划书那种复杂程度,但是,从团队的组建和发展过程来看,计划的指导作用自始至终都是存在的。

因此,为了充分推进创业过程,创业团队成员只有不断磨合,才能形成一个拥有共同目标、人员配置得当、定位清晰、权限分明、计划充分的团队。实际上,在很多团队组建的时候,甚至存在一个"试用期"来体验团队成员之间能否形成必要的默契,这就在很大程度上降低了团队组建的风险。

3.2.2 创业团队的分工

为了实现创业团队的共同目标,需要创业团队实施各种各样的功能。这些功能往往难以依靠创业者个人完成。因此,创业团队虽小,但是"五脏俱全"。创业团队成员不能是清一色的技术型成员,也不能全部是搞终端销售的,优秀的创业团队成员必须能够实现有效的分工,形成优势互补,相得益彰。

首先,创业团队成员必须有一个核心的创业者作为团队的领导者,这一领导者并不是单单靠资金、技术、专利等因素决定的,他的领导地位往往来自创业伙伴在同窗或共事过程中发自内心的认可。开始提出创业机会,并且组织起团队成员的初始创业者,有可能成为核心领导者,但是随着创业活动的进一步深入,如果他的素质无法跟上创业活动的发展,有可能出现取代者。

对于创业领导者,尤其需要三类基本特征——具有创新偏好、风险承担倾向、成就感需要。除此之外,创业领导者必须加强自身的组织协调能力,因为创业团队成员各有优势与个性,为了把他们整合在一起,领导者必须拥有较强的协调能力。同时,创业领导者还必须能够全面周到地分析整个公司面临的机遇与风险,考虑成本、投资、收益的构成及实现条件。

其次,创业团队中还需要能够进行有效内部整合的人,这个人能够把创业团队的战略规划往下推行。作为即将创立或者刚刚创立的企业，内部往往缺乏规范的组织制度和章程。因此，员工的招募和管理、企业内部的生产和经营等方面内容，缺乏明确的规章制度予以指导，这种情况下，往往需要一个团队成员专门从事企业内部管理。很多夫妻创业团队往往男方主外、女方主内，通常男方较为有开拓意识，而女性较为细腻，这样能够形成较好的协调机制。

最后，在创业团队中，应当有一个专门从事市场销售、对外联系的成员。这些工作尤其需要独特的沟通联系能力，应当有专门的主管人员。为了有效推进市场开拓，团队成员应当拥有相关领域的经验，因为市场开拓能力在很大程度上与过去的工作经历和社会阅历相关。创业企业能否快速打开市场，也与企业所能拥有的社会关系密切相关，因此，创业团队应当积极吸收拥有良好工作经验和广泛社会关系的市场开发管理人员。

如果创业者所要建立的是一个技术类的创业公司，那么还应该有一个技术研发主管人员。对于高科技创业来说，创业者往往自身就是技术领域的佼佼者，他的创业活动往往基于自己在实验室开发出的项目。但是，很多情况下，核心创业领导者不能兼任技术管理工作，因为他所关注的更多是企业战略层面的问题，而技术研发的问题需要一位专业人士来专门管理。

当然，如果条件允许，创业团队还需要有人掌握必要的财务、法律、审计等方面的专业知识，分别从事这些方面的管理工作。虽然创业团队可以求助于外部的支持机构来完成财务、法律等方面的管理事务，但是在很多情况下，创业团队需要自行处理这些问题，特别当涉及企业的内部机密的时候。因此，创业者也要有意识地吸收这方面的创业伙伴。

需要补充的一点是，在一个创业团队中，不能出现两个核心成员位置重复的情况。因为如果优势重复、职位重复，那么今后必然少不了出现各种矛盾，甚至最终导致整个创业团队散伙。

3.2.3 创业团队的组建过程

如何把创业团队组建起来？显然，这没有任何现成的神奇公式。创业团队成员能够走到一起，取决于人与人之间的协调和投缘。尽管如此，为了打造一个有向心力的良好团队，创业者也可以适当遵循以下通行的步骤来组建创业团队。

1. 识别创业机会

创业机会的识别是整合创业团队的起点。创业者将要开发什么样的创业机会，直接关系到创业者需要整合怎样的人才共同创业。如果创业机会的市场层面特征拥有充分的优势，创业活动的方向应当是积极推进市场开发，那么创业者就更加需要整合这方面的人才共同创业。如果创业机会的产品层面拥有更多的优势，创业者就需要寻找更多的技术人才共同推进产品开发。因此，为了组建创业团队，创业者需要首先关注创业机会的外围特征，也就是围绕着创业机会的核心特征，创业机会在人力资源方面的支持要素，然后在此基础上，形成团队构建的目标。

2. 撰写商业计划书

在创业机会识别整合的基础上，创业者有必要撰写一份商业计划书。撰写商业计划书的目的有两个方面，一方面，进一步使自己的思路清晰，同时对自身的优劣势、已有的资源和下一步急需的资源或者急需开拓的方面都有清晰的认识；另一方面，商业计划书也是一份吸引合作伙伴的正式合作意向说明书，通过一份书面的计划书，想要加入创业团队的成员能够对创业机会、未来的发展目标有充分的了解，这样在双方充分了解的基础上之上，合作就相对容易进行。一份周到细致的商业计划书至少能够让合作伙伴感到创业者的热情以及对自己的尊重。

3. 寻求创业伙伴

通过创业机会的识别以及正式的商业计划书的撰写，创业者可以根据自己的情况，寻找那些能与自己形成优势互补的创业伙伴。创业者可以通过媒体广告、亲戚朋友介绍、各种招商洽谈会、互联网等形式寻找自己的创业伙伴。

在选择创业伙伴时，创业者应当主要考察对方的人品和能力。事实上，能力因素难以直接观测到，因此，为了识别对方的能力，创业者将不得不从教育背景、工作经历等方面予以考察。也有些学者认为，相对于能力而言，创业伙伴的人品更加重要，它是人们交往和合作的基础，也是决定一个人是否值得信任的前提。在创业团队中，一些需要关注的个人品德包括成员是否诚信、成员的行为和动机是否带有很强的私心、成员能否对集体忠诚、成员能否彼此坦诚相待等方面。

在实际中，很多创业团队的构成基于亲戚朋友。这些人之间能够有较多的信任，在创业初期资源匮乏、企业事务繁多的情形下，他们能够迅速团结在一起。但是随着企业进一步成长，依靠亲戚朋友构建起来的团队有可能会遇到权限不明、责任不清的问题，甚至由于发展目标和价值观念的不同，给企业带来致命的分裂。因此，在联合亲戚朋友构建创业团队时一定要谨慎处理，特别是在权、责、利等方面。

4. 落实合作方式

创业者找到有创业意愿的创业伙伴后，双方还需要就创业计划、股权分配等具体合作事宜进行深层次、多方位的全面沟通，落实创业团队成员的正式合作方式。在合作方式方面,首先要制定创业团队的管理规则,处理好团队成员之间的权力分配。创业团队管理规则的制定,要有前瞻性和可操作性,不仅要考虑创业初期的管理细则,对于企业初步成长之后的情况也应当有所考虑,这样有利于维持团队的稳定,增强团队成员的凝聚力。

同时,创业者还要妥善处理创业团队内部的利益关系。虽然创业团队成员参与创业活动的时候,大都了解企业资源匮乏的现实,在薪资方面也不会像加入大企业那样提出种种要求,但是创业者仍然要注重各方面的激励,尤其是创业伙伴通过创业活动所能获得的成长机会以及与企业长期绩效相关的薪酬。从长远看,创业团队能否共同努力及实现创业目标,本质上基于物质方面的激励,依靠热情只能解决一时的问题,不会长久。

创业团队的组建过程如图 3-4 所示。

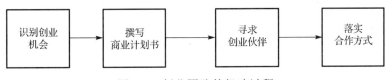

图 3-4 创业团队的组建过程

3.2.4 创业团队的组建策略

1. 创业团队的规模

创业团队组建中遇到的第一个问题就是创业团队规模应当有多大。实际上,很多创业团队的规模都很小。例如,Roberts(1991)研究了大学实验室创立的创业企业之后发现,它们平均拥有 2 个创业成员,极少有企业的团队成员达到 6 个以上。显然,如果为了实现功能齐全,创业团队的规模就应该更大一些。如果团队成员有不同的背景,则大规模的团队能够带来更多元化的信息和联系、经验等方面的资源。然而,大规模的团队会面临程序效率问题,不同背景的个体会从不同的角度看待问题,这可能会导致团队中的不一致难以调和(Pelled 等人,1999)。大规模的团队也带来了协调成本的增加(West Anderson,1996)和沟通的困难(Smith 等人,1994)。在需要快速制定决策的时候,团队成员之间往往难以取得一致的认识,从而错过很多有利的市场机会。产生这些不同的观点说明创业团队的规模与创业活动的发展之间可能并非简单的线性关系。

事实上,很难回答究竟创业团队设置怎样的规模是最优的。可能一个合适的建议是,创业者不应当一开始就把团队规模的设置目标定得较高,不妨从所能搜寻到的一两个创业伙伴开始组建团队,除非创业者发现复杂的管理事务或者新的发展方向需要增添新的团队成员,否则不应当主动考虑团队规模的扩张。从这个意义上说,是否存在最优的团队规模这一命题可能是一个伪命题,如图 3-5 所示。

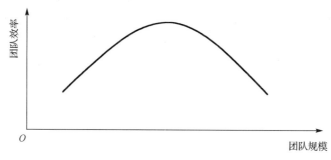

图 3-5　团队规模和团队效率示意图

2. 创业团队的多样性和互补性

创业团队组建中常常遇到的一个问题是团队成员的多样化。创业者寻找团队成员的目的是为了弥补当前资源、能力上的不足,考虑到创业目标与当前能力的差距,所吸收的新团队成员与创业者、现有成员之间应当存在较大的差异,这就带来了团队的多样化。在良好的创业团队中,成员的不同能力通常都能形成良好的互补,而这种能力互补也会有助于强化团队成员间彼此的合作。

由于个体的主观特征难以直接观测到,所以在考察团队成员的多样化状况时,实际上往往是考察成员客观特征上的多样化。在创业团队成员的客观特征方面,一类多样化指标是一些与团队任务不直接相关的因素,如性别、年龄、区域,甚至种族等。

另一类多样化指标则是与团队目标任务紧密相关的因素,如团队成员的教育背景、工作经验、工作经历等。相对而言,这些因素的多样化能够迅速提升团队的知识和经验水平,增强决策的全面性,从而有助于团队处理更复杂的问题。

在这些多样化指标中,教育背景的多样化被很多学者所关注。教育背景分为专业背景及学历层次两个方面。一方面,创业团队成员的专业背景充分反映了其所拥有的知识和观点。例如,受到商业训练的个人可能更集中考虑消费者的反应,而工程背景的个人更关注技术的专业化,这两种技能都有利于创业机会的开发,都应当成为创业团队必备的能力。另一方面,学历层次通常与团队的工作方式密切相关。一些学者认为,学历层次较高的个体更注重概念表达上的技巧,而教育水平低一点的个体更关注实践技能。当然,这些技能对于创业过程都很必要。

3. 创业团队的协调性

创业团队成员之间的协调性对于团队效率非常重要,充分多样化的创业团队能够拥有企业所需要的丰富经验,如顾客经验、产品经验和创业经验等。但是,如果创业团队成员之间无法协调一致，甚至存在矛盾，那么这些多样化和互补性所带来的优势就不能充分发挥出来，甚至会给企业带来损害。

创业团队协调性的基石在于创业愿景与共同信念，只有拥有共同创业愿景的团队才有可能拥有良好的协调性。因此，在创业团队组建和发展中，创业者需要提出一套能够凝聚人心的发展愿景与经营理念，形成企业内部共同的目标、语言、文化，作为互信与利益分享的基础。除了创业愿景，创业者还必须在企业内部形成一整套结合愿景、理念、目标、文化、共同价值观的团队工作机制，使团队成员真正成为一个有共同利益的组织。

对于拥有良好协调性的团队来说，团队是一体的，成败属于整体而非个人，成员能够同甘共苦，经营成果能够公开且合理地分享。每位成员都可以将团队利益置于个人利益之上，因此团队中没有个人英雄主义。每位成员的价值，表现为其对于团队整体价值的贡献，成员愿意牺牲短期利益来换取长期的成功果实，而不计较短期薪资、福利、津贴，将利益分享放在成功后。

在建设团队协调性时，创业者还需要建立和维护创业团队成员之间的信任。信任是一种非常脆弱的心理状态，一旦产生裂痕就很难恢复，要消除不信任及其带来的影响往往要付出巨大的代价，所以防止不信任比增强信任更加重要。因此，创业者应当防微杜渐，团队工作中出现一点小问题时就应尽力解决，而不应等到问题越积越多难以处理之后再来收拾烂摊子。

当然，创业团队成员相互协调，形成"1+1>2"合力的过程并非一蹴而就的，往往是在企业发展过程中逐渐孕育形成完美组合的创业团队。在这一过程中，创业成员也可能因为理念不合等原因不断发生调整和替换。尽管如此，创业者也必须把团队的良好协调性作为重要的团队建设目标，以最大限度地发挥团队的作用。同时，这也是对创业者组织能力和协调能力的考验。

3.2.5 创业团队的管理

以不同逻辑组建的团队各有优劣，在日后的团队管理方面的侧重点也不一样。对于以理性逻辑组建的创业团队，团队管理的重点在于经常沟通和协调，整合团队成员的技能，强化成员相互之间的信任感，具体的措施包括明确分工及建立透明的决策机制，进行以信任为中心的团队沟通管理，等等。针对以非理性逻辑组建的创业团队，管理重点在于信任感的维持、外部资源的整合、避免决策一致性倾向等，具体措施有招募核心员工，聘请外部专业顾问，进行以利益分配为中心的团队凝聚力管理等。无论哪种类型的创业团队，都有必要借鉴以下方式加强对创业团队的管理。

1. 建立以团队理念为核心的公司愿景

真正有效的管理能够激发人的内在动机，靠人的主观能动性进行自我管理。创业者要带领创业团队取得成功，最有效的办法是建立以团队理念为核心的公司愿景，通过愿景的力量激发创业团队成员发挥自身潜能去实现创业目标。有关研究表明，优秀的创业团队理念一般有以下几个共同点。

(1) 凝聚力

凝聚力是优秀团队的基石，优秀创业团队的成员都会认为，团队的成功离不开每位成员的共同努力，"一荣俱荣，一损俱损"。

(2) 合作精神

团队合作精神深深根植于优秀团队成员的心中，他们相互合作，"别人的事就是自己的事"，通过互相补位提高团队整体的效率。

(3) 完整性

完整性要求团队成员完成任务的时候，不能够忽略员工健康和其他相关利益者的利益，做到不"以邻为壑"。

(4) 长远目标

优秀团队着眼于企业的长远目标，并做好了长期奋战的准备，不会指望通过创业实现一夜暴富。

(5) 收获的观念

在优秀创业团队看来，企业的成功是最终的成功，而不是成员个人的薪水、工作待遇和生活待遇等内容。

(6) 致力于价值创造

创业团队成员都致力于价值创造，通过努力把"蛋糕"做大，不断创新产品和服务，满足客户的需求，让客户、供应商等相关利益者能够获得更大的价值和利润。

(7) 平等中的不平等

在成功的创业企业中，团队成员由于能力不同和分工不同，应承担不同的职责和拥有相应的权利，这样才能更好地激励团队成员。因此，不能追求简单的平等。

(8) 公正性

在激励机制上，优秀团队会在设计员工的各种奖励机制的时候，将奖励与个人在一段时期内的贡献和工作成绩挂钩，并随时根据实际情况做出调整。

(9) 共享收获

企业的成功是全体成员共同努力的结果，当企业发展到一定程度的时候，优秀创业团队会根据关键员工的贡献将企业收益分配给他们。

2. 建立合理的企业所有权分配机制

在创业团队组建之后，建立合理的企业所有权分配机制，是创业团队必须解决的关键问题。合理的企业所有权分配机制能增强创业团队的凝聚力，激励创业团队成员更好地为实现企业目标而奋斗，有利于企业的长远发展。在确定企业所有权分配机制过程中，需要注意以下几个原则。

(1) 树立共享财富的理念

在企业所有权分配问题中，要做到兼顾公平和激励并不容易，但若创业者拥有宽广的心胸和"与帮助你创造价值和财富的人一起分享财富"的理念，他就不会纠结于持股的百分比问题，而关注如何把企业做大。毕竟，零的51%还是零。只有把企业做大，创业者才能分得更多。蒙牛的创始人牛根生曾在多个场合提到的"财聚人散，财散人聚"，说的就是这个道理。

(2) 重视契约精神

契约精神是西方文明社会的主流精神，强调自由、平等、守信。在创业之初，应重视契约精神，及早把确定的所有权分配方案以公司章程形式写入法律文件，以契约形式明确创业团队成员之间的利益分配机制，这样有助于创业团队的长期稳定，避免后续的争端和纠纷。

(3) 按照贡献分配所有权

所有权应按照团队成员对企业的长期贡献来分配。在现实中，按照出资额的多少来分配是常见的做法，但不应该忽略没有出资但有关键技术的成员对企业的贡献，应该在分配中予以考虑。

(4) 控制权与决策权统一

初创时期，企业应实现控制权与决策权的统一。股份多的成员在不拥有公司控制权的条件下，其内心可能比其他成员更看重企业，更容易去挑战其他成员的决策错误，甚至决策者的权威，从而引起团队冲突和矛盾。

3. 建立责、权、利统一的团队管理机制

绝大多数新创企业创业团队的核心成员都很少，一般是三四人。从企业管理角度来看，如此少的团队成员实在是"小儿科"，几乎每个从事管理工作的人都觉得能够轻易驾驭。但实际上，创业团队成员虽少，但是都有自己的想法、自己的观点，其管理难度大大超过普通团队。因此，对创业团队的管理，比较有效的策略是靠规则和制度管理，而不是靠人管理。

1)制定创业团队的管理规则

要处理好团队成员之间的权力和利益关系,创业团队必须制定相关的管理规则。团队创业管理规则的制定,要有前瞻性和可操作性,要遵循先粗后细、由近及远、逐步细化、逐次到位的原则,这样有利于维持管理规则的相对稳定,而规则的稳定有利于团队的稳定。企业的管理规则大致可以分为以下三个方面。

(1)治理层面的规则

主要解决剩余索取权和剩余控制权问题。治理层面的规则大致可以分为合伙关系与雇佣关系。在合伙关系下,大家都是老板,大家说了算;而在雇佣关系下,只有一个老板,一个人说了算。

(2)文化层面的管理规则

主要解决企业的价值认同问题。它包括很多内容,但也可以用"公理"和"天条"这两个词简要地概括。所谓"公理",就是团队成员共同的终极行为依据。所谓"天条",就是团队内部任何人都碰不得的东西,它对所有团队成员都构成一种约束。

(3)管理层面的规则

主要解决指挥管理权问题。管理层面的规则最基本的有三条:一是平等原则,制度面前人人平等,不能有例外现象;二是服从原则,下级服从上级,行动要听指挥;三是等级原则,不能随意越级指挥,也不能随意越级请示。这三条原则是秩序的基础,而秩序是效率的基础。当然,仅有这三条原则是不够的,但它们是最基本的,是建立其他管理制度的基础。

2)妥善处理创业团队内部的权力关系

在创业团队运行过程中,团队要确定谁适合从事何种关键任务和谁对关键任务承担什么责任,以使能力和责任的重复最小化。为了保证团队成员执行创业计划、顺利开展各项工作,必须预先在团队内部进行职权的划分。创业团队的职权划分就是根据执行创业计划的需要,具体确定每个团队成员所要担负的职责以及所享有的相应权限。团队成员的职权的划分必须明确,既要避免职权的重叠和交叉,也要避免无人承担职责造成工作上的疏漏。此外,由于企业还处于创业过程中,面临的创业环境又是动态复杂的,会不断出现新的问题,团队成员可能不断更换,因此创业团队成员的职权也应根据需要不断地进行调整。

3)构建创业团队的制度体系

创业团队的制度体系体现了创业团队对其成员的激励和控制能力,主要包括团队的各种激励制度、约束制度和沟通制度。首先,创业团队要通过利益分配方案、考核标准和奖励制度等激励制度,使团队成员看到随着创业目标的实现,其自身利益将会得到怎样的改变,从而达到充分调动团队成员积极性、最大限度发挥团队成员作用的目的。其次,创业团队要通过组织条例、财务条例、纪律条例、保密条例等各种约束制度,指导其成员避免做出不利于团队发展的行为,对其行为进行有效的约束,保证团队的稳定秩序。最后,创业团队要通过各种积极、高效的沟通制度,来维护团队成员间的互信与合作关系。创业团队成员朝夕相处,出现矛盾和摩擦是难免的,但是,如果对这些矛盾和摩擦不及时处理,就很有可能导致创业团队成员之间的冲突,甚至是创业团队的解体。因此,必须建立有利于创业团队成员之间自由沟通的制度,使团队成员间保持相互理解、相互信任的合作关系。

案例分析

阿里巴巴的"十八罗汉"

2001年12月,中国加入世界贸易组织,国门打开,互联网开始风行,众多网络先驱加入互联网的大潮中,创造了一个又一个奇迹,如雅虎的杨致远、搜狐的张朝阳、网易的丁磊,等等。在这股浪潮中,杭州师范学院的英语教师马云带领他的创业团队,先是在杭州创办了中国黄页网站,然后到北京开发了外经贸部网站,再返回杭州创立了阿里巴巴公司。如今,阿里巴巴公司已经成为世界上最大的 B2B 和 B2C 电子商务平台。阿里巴巴今天的成功,与"十八罗汉"创业团队的努力是分不开的。"十八罗汉"团队被称为"天下最难挖的团队""一群平凡人做着不平凡事的团队"。

"十八罗汉"团队的核心领导者是马云,团队中的成员大多是马云的学生和朋友,因此,"十八罗汉"的故事还得从马云说起。马云,其貌不扬,身材瘦小,两次高考失败,第三次高考才考上了杭州师范学院英语系。在大学期间,马云热衷于社会活动,是学生会的干部,毕业后留校当了英语老师。马云的教学很不错,全英文授课,课堂生动有趣,学生都很爱听。马云创办了杭州有名的英语角,许多学生和办公室白领慕名而来,其中的许多人成了马云的学生,后来还有些人加入了阿里巴巴。

1995年,马云创办了海博翻译社,这是杭州的第一家专业翻译社。刚开始的时候,翻译社的生意并不好,在翻译社入不敷出、快要解散的情况下,马云背着麻袋在街头贩卖小商品贴补经营费用,硬是成功地把公司支撑下来。后来,该翻译社发展为杭州最大的翻译社。在一次到美国西雅图出差的过程中,经朋友介绍,马云第一次与互联网有了"亲密的接触",马云认识到,"将来这个东西可能有戏"。回国后,马云兴冲冲地邀请24位朋友到家中,滔滔不绝地向大家介绍互联网,并宣布自己要办互联网公司。在马云激情演讲后,24人中有23人反对:"你又不是学计算机的,不懂网络,这不是你马云搞的东西。"但是,想了一晚,马云第二天还是决定去做,凑钱创办了中国黄页网站。接下来,马云进行疯狂的销售。在各家公司、街头巷尾,马云激情四溢地向听众介绍当时大家都不知道究竟为何物的互联网,那时的马云被大家称为"疯子"。然而,正是这个"疯子"的激情感染了他的朋友和学生,一群对互联网同样有梦想的志同道合的年轻人聚集在"疯子"的周围,使得中国黄页在短短两年内取得了很大的市场份额,1997年的营业额高达700万美元。

随后,马云带着他的团队,受邀到外经贸部开发官方网站,在北京的两年时间里,尽管马云的创业激情再次感染了所有的同事,但是由于与外经贸部领导层存在意见分歧,最终马云决定离开外经贸部,重回杭州创业。在做出回杭州重新创业决定的当天晚上,马云约齐了所有团队成员到他办公室开会,宣布了他的决定。马云告诉这些从杭州一路来北京奋斗的战友们:"我给你们三个选择权:第一,你们可以去雅虎,有我推荐,雅虎一定会录用你们的,而且工资会很高;第二,去新浪、搜狐等国内的公司,有我推荐,工资也会很高;第三,跟我回家,只能分八百块钱,你们住的地方离我五分钟以内距离,你们自己租房子,不能打出租车,而且必须在我家里上班。做什么我不清楚,我只知道我要做一个最大的全世界商人的网站。如何抉择,给你们三天时间做决定。"沉默、安静,接着大家陆陆续续走了出去。三分钟过后,团队的所有人几乎在一瞬间全部折回,站在马云面前:"我们一起回家吧!"

于是,1999年,马云带着他的创业团队回到了杭州,在湖畔花园的家里创立了阿里巴巴。公司成立所需的50万元是团队成员凑齐的,马云要求不能向亲戚朋友借钱,必须是自己的钱。而且,马云对所有团队成员说:"你们只能做排长、连长,至于军长,我要另请高明。"但团队成员都毫不在乎,跟着他干了。

阿里巴巴刚成立的时候,工作非常辛苦,每天工作十几个小时是家常便饭,从早到晚,困了就回去睡觉,睡醒了再回来上班。工程师常常工作到半夜,累了也不回家,就随便铺张席子席地而睡。同时,创业资金非常紧张,大家恨不得一分钱都掰成两半来用。那时候,担任出纳的彭蕾和担任财务总监的谢世煌两人常常会为了添置一两件小办公用品而满大街地转,当看中某样办公用品时,一个人看价钱,另一个人按计算器,算性价比,如果超支,再好的东西彭蕾也只能摇头,这与当时人人羡慕的IT公司相比,简直有天壤之别。在阿里巴巴最困难的时候,马云甚至向团队成员"借钱"发工资,以渡过暂时的难关,团队成员竟然答应了。

阿里巴巴团队在湖畔花园那段时间的最大娱乐，就是听马云讲互联网的故事。马云时不时会给大家分析互联网的形势。就是在这样的艰苦环境中，阿里巴巴创业团队痛并快乐着，为"将全世界商人联合起来"的伟大目标而奋斗。虽然团队成员目标高度一致，但是成员之间也避免不了对未来发展方向的种种争论，甚至争吵。这种争论有时过了头，容易造成团队成员之间的不信任。为了平息团队之间的矛盾和冲突，马云提出了"简易"原则。"比如，你对我有意见，当面说出来，闹一场或打一场，直至把问题解决掉。如果你不找我，找其他人说，那么你就应该退出这个团队。"这个"简易"原则迅速平息了团队成员之间的矛盾，把阿里巴巴带回到正常的发展轨道。

2000年，在成功拿到500万元高盛风投后，阿里巴巴从湖畔花园拥挤的居民楼搬到了华星大厦宽敞明亮的办公楼里。随着公司开始规范化建设，阿里巴巴需要划分部门以及确定部门负责人。在"十八罗汉"中，第一批当部门负责人的是孙彤宇、张瑛、彭蕾，那么原来的"十八罗汉"就变成了"4个官"和"14个兵"两拨人了。从在外经贸部创业时开始，创业团队就习惯了只有马云一个领导人，其他都是普通的团队成员，在湖畔花园的创业时期也是如此，但是，到了华星时代，习惯的一切都变了。不久后的一天晚上，"14个兵"来到一家名流咖啡馆聚餐。大家刚开始说好不谈工作，但聊着聊着就谈到工作，所有的不解、疑惑、怨气都一股脑儿发泄出来，一直聊到半夜。楼文胜建议："说了这么多，屁股一拍就走，于事无补，不如写出来送给马云。"大家纷纷响应，于是，楼文胜执笔，大伙儿补充，写了满满一张纸，由楼文胜回家整理成一封长信后发给了马云。第二天傍晚，马云收到信后立刻召集所有的团队成员聚在一起："今天大家不用回去了。既然你们有那么多怨恨、那么多委屈，当事人都在，就都说出来，一个个骂过来，想哭就哭，所有都摊在桌面上，不谈完就别走！"那天的会从晚上9点多一直开到凌晨5点多。在会上，很多人情绪激动，很多人失声痛哭。这些与马云共患难的战友们在哭过、喊过、闹过后，一切疑虑、误解、疙瘩都消散开去。事后，吴咏铭说："我们能写出来告诉马云，说明我们是一支很好的团队。"

阿里巴巴发展到今天，已经成为世界上最大的电子商务网站，连续五次被美国权威财经杂志《福布斯》评为全球最佳B2B站点之一。在此期间，除了马云的妻子张瑛外，"十八罗汉"团队中没有一个成员离开阿里巴巴。这个团队被誉为"天下最难挖的团队"。团队能有如此强的凝聚力和战斗力，与团队的核心人物、领导者马云是分不开的。"十八罗汉"之一的阿里巴巴副总裁戴珊这样评价他："无论什么时候看到他，你在他眼中看到的都是自信，我一定能赢的信心。你跟他在一起就充满了活力。""十八罗汉"之一的金建杭说："马云对团队的领导更多的是在公司的战略层面上。"

中央电视台生活栏目主持人樊馨蔓这样评价他:"马云是这样和他的手下配合的:他知道要干什么,但不知道怎么干;他的手下知道怎么干,但不知道要干什么。"

(案例来源:刘晓航,赵文.马云:我的团队永不言败.武汉:华中科技大学出版社,2010.)

分析

无疑,阿里巴巴"十八罗汉"创业团队是一支优秀的创业团队。

首先,他们有伟大的创业愿景和共同的目标,即建立一个全世界中小企业的电子商务网站。他们一直在坚持这个目标,不管是在北京的外经贸部时代,还是在初创时期的湖畔花园时代,抑或是在互联网寒冬的时候,他们都不曾放弃,最终取得了成功。

其次,这支团队有极强的凝聚力。他们都是马云的朋友、学生,都很年轻,有冲劲,都有着互联网的梦想,都是为马云的魅力、激情所吸引加入这个创业团队中的。"平凡人干着不平凡的事",容易拧成一股绳。当成员之间发生矛盾的时候,他们有良好的矛盾解决机制,进一步增强了团队的凝聚力。

最后,团队的领导者马云具有极强的领导能力。他有清晰的创业目标,有创业的激情,能够为创业舍弃其他一切,能够激励团队不断沿着既定的目标前进。他虽然不懂互联网技术,却能够把握公司的发展方向。

思考与练习

1. 创业企业融资的一般途径有哪些?
2. 组建创业团队通常需要哪些步骤?应该遵循哪些原则?可以采用哪些策略?
3. 创业团队有什么作用?
4. 管理创业团队需要注意哪些问题?

第4章 创业计划书

4.1 创业计划书的作用与基本要素

创业计划书是对构建一个企业的基本思想以及对企业创建有关的各种事项进行总体安排的文件,主要从企业内部的人员、制度、管理,以及企业的产品、营销、市场、财务等各个方面对即将创建的企业进行可行性分析。其目的主要是展望商业前景、整合资源、集中精力、修补问题、寻找机会,以及对企业未来的展望,具体可以分为以下四个方面:①分析和确定创业机遇和内容;②说明创业者计划利用这一机遇发展新的产品或服务所要采取的方法;③分析和确定企业能否成功的关键因素;④确定实现创业所需要的资源以及取得这些资源的方法。当创业者选定了创业目标,确定了创业动机之后,且在资金、资源和市场等各方面的条件都已准备妥当或已经累积了相当的实力,这时候,就必须提出一份完整的创业计划,这是整个创业过程的灵魂,其中要详细叙述与项目有关的一切内容,包括创业的形式、企业的阶段目标、资金的筹集及规划、财务规划、市场营销、风险评估、竞争者分析、内部管理规划,以及相关的其他必要信息等。在实际的创业过程中,这些都是不可或缺的因素。

4.1.1 创业计划书的作用

创业之前做出一份详细的创业计划书,不仅可以作为创业的行动指南,完善创业过程,还可以作为吸引风险资本的"敲门砖"。

首先,创业计划书是创业者创建企业的蓝图,是创业者实现创业理想的具体实施方案。它可以使创业者有计划地开展商业活动,增加成功概率,减少失误。对于初创企业来说,创业计划的作用尤为重要,一个创意或构思中的产品往往很模糊,通过制定创业计划,把优势和不足都反映出来,再逐条推敲摸索,创业者会对创业项目有更为清晰和全面的认识。

其次,创业计划书是企业项目融资的必备资料与重要因素。一个好的项目需要进行融资时,仅靠创业者的口头述说是不可能赢得投资者的信任的,也很难激发他们投资的兴趣。创业计划书是一份全方位的项目计划,它从各个方面对创业项目进行可行性分析及筹划，是投资商审慎地筛选项目的重要依据。因此，只有拥有一份完整的创业计划书才能使融资需求有可能实现，而创业计划书的质量对项目融资至关重要。

再次，创业计划书是创业者连接理想与现实的纽带。对初创企业来说，创业计划书说明了创业项目的基本思想，确定了最终要实现的目标，描述了现在的起点以及达到目标的方法，分析了影响项目成功的因素。创业计划书对项目的产品、市场、财务及管理团队进行了进一步的分析和调研，能及早地发现问题，从而进行事前控制，能够进一步完善项目的可行性，提高成功率。

4.1.2 创业计划书的基本要素

为了清晰地传递创业者的主张和企业的发展规划，无论哪种类型的商业计划书，都必须阐明一些必要的关键要素，这些关键要素缺一不可，包括以下几个。

1．产品

这一要素指的是企业所提供的核心产品或者服务，即创业机会的产品特征。在商业计划书中，应提供所有与企业的产品或服务有关的细节。作为一个创业者，必须对自己所能提供的产品有信心，同时还应该能够把这一信心传达给他人。只有投资者对产品也同样产生了兴趣，他们才愿意进行投资。为了传达这种信心，创业者应当尽量给出清晰的证据来论述产品的价值。对于创业者来说，产品及其属性、特征非常明确，但其他人却不一定清楚它们的含义。制定商业计划书的目的是使投资者相信企业的产品会在市场上产生革命性的影响，同时还要使他们相信企业有实现它的能力。商业计划书对产品的阐述，要让投资者感到投资这个项目是值得的。

2．市场

这一要素主要指的是创业者所要面临的行业市场特征，即创业机会的市场特征。创业者的行动总要在一定的市场中进行。产品需要在市场上卖出，创业者的营销行动和战略企划也需要依托于一定的市场。商业计划书要为投资者提供创业者对目标市场的深入分析和理解，要细致分析经济、地理、职业以及心理等因素对消费者选择购买本企业产品的行为的影响。只有市场前景明朗、成长性良好的项目，才有可能真正吸引投资者。当然，这些关于市场状况的分析和前瞻，同样需要充分到位的论证说明，而非创业者的主观臆断，这样才有可能真正获得投资者的关注。

3．创业团队

创业团队是创业成功的首要保证。创业机会能够得到持续开发并且转化为一个成功的企业，其关键的因素就是要有一支强有力的管理队伍。如果团队成员拥有较高水平的专业技术知识、管理才能和多年工作经验,对于投资者的吸引力就会更大。很多情况下,创业者是首次创业,团队成员也大都没有相应的管理经验,创业者需要据实说明这一情况,而不能做无谓的夸大,不实的说明只会带来适得其反的结果。当然,即使创业团队成员本身没有太多闪光之处,创业者也应当说明成员对创业活动所进行的充分准备,以及创业的意志和决心,以表明团队成员具有凝聚力和奋斗精神。

4．企业经营状况

这一要素针对的是已经创立的企业,对于企业创业之前撰写的商业计划书,这一要素可以省略。创业者需要说明自企业创立以来,企业的经营状况是怎样的,以显示企业的良好经营历史和一定的发展潜力。如果在企业的经营历史中,企业曾经获得某些独特的资源,或者和某些重大的合作伙伴发生过合作关系,那么这些都足以形成商业计划书中的亮点。

5．市场开拓方案

这是企业竞争战略中最重要的一环。投资者一般都很关注创业者准备如何销售自己的产品。虽然创业者可能将自己的产品轮廓勾画得非常美好,但是这些产品能否被市场上的客户所接受,还是未知数。如果市场开拓方案不到位,甚至存在较大的失误,那么即使产品再好,再有吸引力,也难以实现预先的销售目标。这对于创业活动的推进将是致命的,投资者的投资也将付诸东流。因此,创业者应当阐明自己将如何推进产品销售活动,以及这些预期的方案和措施是否可行。

6．企业成长预期

商业计划书是提供给投资者的指南性文件,投资者更关心企业的未来发展状况,他们所投入的资金能否及时回收。因此,创业者需要对企业的未来发展进行展望。在给出这些成长预期的同时,创业者需要给出预测根据,务必让投资者相信,所有关于企业的发展预测都是有事实作为依据的,而不是闭门造车式的臆测。

4.2 创业计划书的撰写

1．封面和目录

封面应该包括公司名称、地址、联系电话、日期以及核心创业者的联系方式等内容。如今,联系信息应该包括固定电话号码、电子邮件地址、移动电话号码及公司网址,并且这些信息应置于封面顶端中间。因为封面和创业计划部分可能分离,最明智的方法是同时在这两处都留下联系信息。封面底部可以放置警示读者保密等事项的信息。如果公司已经有独特的商标,那么应该把它放在靠近封面中心的位置。目录紧接着封面,应列出商业计划部分和附录的组成部分及对应的页码。

2. 执行摘要

执行摘要是整个商业计划部分的"快照",可以向忙碌的读者提供他必须了解的新企业独特性质的所有信息。在某些情况下,投资者可能会先向企业索要执行摘要副本,在执行摘要有足够说服力时,他才会阅读详尽的商业计划副本。毋庸置疑,执行摘要是商业计划中最重要的部分,如果它未能激发投资者的兴趣,那么计划的其他部分也就无用了。阅读完执行摘要后,读者应该能比较明确地感觉到整个计划的大致内容。创业者在撰写执行摘要时务必要记住:执行摘要并非商业计划的引言或前言,而是篇幅为一两页、对整个商业计划高度精练的概述。

如果新企业正在募集资金争取融资,则执行摘要必须明确说明需要的资金数量。有些商业计划还写明了特定投资能够换取的权益数额,此时在执行摘要中应明确写出,如"企业计划筹集100万美元投资资金,并愿意用15%的所有权做交换"。有些创业者比较机敏,并不明确表示愿意偿付的权益数额,在这个问题上有意识地制造含混。

尽管从形式上看,执行摘要先于商业计划,但它的撰写却应在完成商业计划之后,因为只有这样,才能形成对商业计划的准确概述。

3. 产品与服务

介绍公司的产品或服务,应描述产品和服务的用途和优点,以及有关的专利、著作权、政府批文等,讨论企业试图进入的产业的发展趋势及其重要的特征,如产业规模、吸引力和盈利潜力。另外,要对产品的生产经营计划进行分析,主要包括产品的生产技术能力以及流程等各方面。本部分还应讨论企业将如何削减或超越那些挤压产业盈利水平的力量,接着需要介绍其目标市场,以及如何在该市场中参与竞争。为了展现企业产品或服务如何对抗竞争,商业计划中还应包括竞争分析。竞争分析有利于投资者摸清企业产品或服务对其竞争对手产品或服务而言的主要优势和独特品质。

4. 经营环境分析

项目经营环境分析非常重要,关乎项目能否正常生存,影响其寿命长短。经营环境包括一般宏观环境、行业环境和自身环境。行业环境分析采用波特五力分析法,逐一对行业内现有竞争者、客户、供应商、潜在进入者和替代品进行分析。自身环境分析采用SWOT分析法对企业自身优势、劣势、机会和风险进行分析。

5. 市场营销

市场营销关系到产品的价值是否可以顺利实现，是企业经营中最富挑战性的环节，可以从消费者特点、产品或服务特性、企业自身状况、市场环境及最终影响营销策划的营销成本和营销效益等方面进行分析。分析现有的和将来的竞争对手的优势和劣势，以及相应的本企业的优势和战胜竞争对手的方法，针对目标市场做出营销计划。对新创企业来说，由于产品缺少知名度，很难进入其他企业已经稳定的销售渠道，因此有时企业不得不采取高成本、低效益的营销战略。而对于发展中的企业来说，一方面可以利用原来的销售渠道，另一方面也可以开发新的销售渠道以适应企业的发展，以及应对新进入企业带来的竞争。

6. 管理团队

这部分应对企业主要管理人员加以阐明，介绍他们所具有的能力、他们在企业中的职务和责任、他们过去的工作经历及教育背景等，并对企业的全职员工、兼职员工人数，以及职务空缺进行详细的统计。还应对公司的组织结构做一简要介绍，包括公司的组织机构图、各部门的功能与责任、各部门的负责人及主要成员、公司的报酬体系、公司的股东名单(包括认股权、比例和特权)、公司的董事会成员、各位董事的背景资料等。企业的管理人员应该是互补型的，具有团队凝聚力。企业应有负责产品设计开发、市场营销、生产作业管理、企业财务管理等各方面的专门人才。

7. 财务规划

一份经营计划应概括地提出在筹资过程中企业管理者需要做的事情，而财务规划是对经营计划的支持和说明。因此，好的财务规划对评估风险企业所需的资金数量、提高风险企业取得资金的可能性是十分关键的。如果财务规划准备得不好，就会给投资者以企业管理人员缺乏经验的印象，降低风险企业的评估价值，同时也会增加企业的经营风险。财务规划一般应包括经营计划的条件假设、预计的资产负债表、预计的损益表、现金收支分析、资金的来源和使用等内容。

8. 资本结构

资本结构用于描述公司目前及未来资金筹集和使用情况、公司融资方式、融资前后的资本结构表。其中主要包括迄今为止投入企业的资金量、目前正在筹集的资金量、资金成功筹集后企业可持续经营的时间、下一轮的投资计划以及企业可以向投资人提供的权益。

9. 投资者退出方式

投资者退出方式应说明希望风险投资的变现方式，如股票上市；股权转让给行业内大公司，若确有这种设想，则应列出有可能的公司名称；股权回购，即按预先商定的方式买回投资方在公司的权益；利润分红，即投资者可以通过公司利润分红达到收回投资的目的，应向投资者说明公司实施利润分红的计划。

10. 风险分析

创办企业会面临很多风险，其中的关键风险取决于其产业和特定环境。企业必须根据自身实际来描述确实存在的关键风险，这样的创业计划书给读者的重要印象之一就是企业的管理团队非常细心，已充分认识到企业面临的关键风险。同时要尽量提出风险和问题的应对计划，包括客观地描述管理团队经验不足、市场发展的不确定性、技术开发不成功的可能性、实验室阶段转化为批量生产阶段的不确定性、关键人离去对企业的影响等风险因素，并制定相应的对策。

11. 附录

不宜放入创业计划书正文的所有支持上述信息的材料都应放在附录中，如高层管理团队简历、产品或服务原型的图示或照片、销售手册、具体的财务数据和市场调查计划、创业计划书的真实性承诺，以及其他需要介绍的内容等。附录的内容不宜过多，仅需要那些不宜放入正文而又与企业相关的、十分重要的材料。

案例

校园创业计划书

一、校园创业环境介绍

随着社会经济和文化的发展，人们的生活节奏加快，人们的生活环境、生活方式都发生了很大的变化。兼职已经成为一种时尚，学生兼职的市场非常广阔！

学生兼职是学生减轻自己经济负担的需要、学以致用的需要、学生了解社会的需要、提高学生综合素质的需要、增加社会经历的需要、为走向工作岗位打基础的需要。团体消费已经悄然走进人们的生活，开始流行。这是社会发展的需要，同时也是种必然。团体消费涉及人们生活的方方面面，团体消费使人们节约金钱、节约时间，用尽量少的投入获得最多的消费实惠。学生团体消费就更有市场。学生是纯消费者，品牌意识和品牌忠诚度非常高。团体消费是个性、品牌、实惠的最佳消费方式。

二、校园创业宗旨

着力于高校市场的开发，建立校园兼职平台、学生实践平台、校园商业平台，服务学生，服务高校。

三、创业主题

关系学生成长：让学生参与社会实践，认识社会，了解社会，边学习边实践，学以致用，以提高学生的综合素质。校园市场由学生自己开发，自己经营，自己维护。

四、创业目标

占领高校消费终端市场，以及以高校为中心的周边消费市场，打造高校创业的品牌联合舰队。

五、市场需求点

(1) 学生减轻自己经济负担的需要。
(2) 学生参加社会实践，提高自己综合素质的需要。
(3) 学生个性消费、品牌消费、实惠消费、安全消费的需要。
(4) 高校提高学生就业率的需要。
(5) 响应鼓励大学生创业的需要。
(6) 学校搞好管理的需要。
(7) 商家要求打开校园市场的需要。
(8) 社会经济发展趋势的需要。

六、项目商业潜力

此项目的长远目标是占领高校消费终端市场，以及以高校为中心的周边消费市场，其商业前景不可估量。

1. 高校市场
(1) 2013 年高校总人数、人均消费、消费总额。
(2) 2014 年高校总人数、人均消费、消费总额。
(3) 2015 年高校总人数、人均消费、消费总额。

2. 中小学市场

3. 社区终端消费市场
(1) 2013 年，社区终端消费额实现 8886.8 亿元。

(2) 2014 年，社区终端消费额突破 1000 亿元大关。

(3) 2015 年，社区终端消费额实现 12000 亿元惊人的数据。

七、项目创业的盈利点

1．网络在线广告收益

包括图片广告、文字广告、商家介绍、重点推荐、美食、住宿、新店开业等项目。自己开发的产品，总部所接的大型广告或产品。同时，可以与本地众多的广告公司、报纸、媒体、知名网络合作，赚取广告分成利润。

2．视频广告收益

新店开业、新售楼宇、协助店主或商家进行广告宣传，将其制作成视频放到网上进行展播，若单价为 300 元/视频(个)，则

$$年收益=300 元×10×12=36000 元$$

3．为商家分销的收益

本项目是中国最大的以校园为门户的创业项目，由于它的受众为最直接的消费终端，对整个市场主体(学生、老师、商家)的影响和诚信度极高，所以容易被众多的企业、商家、连锁机构看重。因此，校园市场创业是学生消费品、老师等消费群体的消费品生产和销售的企业、商家、连锁机构最好的销售基地。可以与企业、商家、连锁机构构成行销，若销售提成按 10%计算，则

$$年收益=100 万元×10\%=10 万元$$

4．其他收益

包括业务推广收益、游戏推广收益、总部广告分成收益等。

八、创业计划介绍

(1) 所需投入资金为 2000 元/年，其中，1200 元用于购买网站，800 元用于技术指导和业务开发。独立经营，利益独占。

(2) 一个学校只开通一个网站，只提供一个机会。

(3) 每个学校的盈利完全归新校园创业者享有。

(4) 创业者如何操作？可以用一句话来说，各个学校的创业人经营自己的网站，管理自己的团队，除与总部配合之外，其他一切工作，如技术、服务器、维护开发等都由总部来完成。

九、对创业者的要求

不管创业者是谁，从事什么职业，学生、公司职员、待业人员都不要紧，即使不懂技术、没有创业经验，也都没有任何关系(我们会进行指导和培训)。但是，创业者

要有创业的热情和激情，必须能每天上网，并不断地更新自己网站的数据，开展自己的业务，维护自己和客户的关系。

相信自己，敢于挑战自己，同时需要永不言败的勇气和精神！

思考与练习

1. 创业计划书和创业成功之间的关系是什么？
2. 请为你的创业项目撰写一份创业计划书。

第 5 章 随机事件与概率

1654 年，帕斯卡和费马通信讨论了"如何分赌本"问题，共同建立了数学概念"数学期望"，从而诞生了概率论。概率论与数理统计在金融、风险管理、质量检验、服务设施和人员规划等方面有很多的应用。学习概率论与数据分析方法将有助于创业者借助数学工具更好地进行管理创新、技术创新、服务创新，从而更好地促进创业活动的进行。

5.1 随机事件和样本空间

5.1.1 随机现象

掷硬币对于每个人来说都不陌生，是日常生活中常见的一种游戏，比如用掷硬币决定胜负、决定比赛的顺序等。这种极其普通的游戏受到了很多数学家的青睐。表 5-1 中是蒲丰、德摩根等数学家的掷硬币试验数据。

表 5-1 掷硬币试验数据

试 验 者	投掷次数 n	正面出现次数 μ_n	正面出现的频率 $\dfrac{\mu_n}{n}$
蒲丰（Buffon）	4040	2048	0.5069
德摩根（Demorgan）	4092	2048	0.5005
费勒（Feller）	10000	4979	0.4979
皮尔逊（Pearson）	12000	6019	0.5016
	24000	12012	0.5005
罗曼诺夫斯基	80640	39699	0.4923

在掷硬币的过程中，松开手，让硬币自然地落地。这种"自然地落地"是必然发生的结果，一般称之为确定现象。对于落地时是正面朝上还是反面朝上，在硬币没有落地之前是无法知道结果的，一般称之为不确定现象。我们把这种事前难以确定结果的现象称为随机现象。

分析表 5-1 可以发现，出现正面的次数大概占总投掷次数的一半，而且随着投掷次数的增加，越来越接近于 0.5。也就是说，每次投掷会出现正面朝上或反面朝上是无法预知的,这是表面上的偶然性;随着投掷次数的增加,却呈现一定的规律,这是内部蕴含的必然性,而必然性就是统计规律性。

5.1.2 随机试验

为了获得随机现象的统计规律,我们需要对随机现象做大量的观察。我们把对随机现象进行的一次观察、测量或试验称为一次试验,如果还满足下列三个条件,则称为**随机试验**(简称**试验**),记为 E。

(1) 试验可以在相同条件下重复进行。
(2) 试验的所有可能结果是已知的或者可以确定的。
(3) 每次试验究竟会发生什么结果是事先无法预知的。

下面举几个随机试验的例子。

例 5.1　抛掷一枚硬币,观察正面和反面出现的情况。

例 5.2　掷一颗骰子,观察朝上面的点数。

例 5.3　记录从福州到泉州的 D×××× 次动车售出的票数。

例 5.4　从一大批同型号的灯泡中任取一个,测试其使用寿命(单位:小时)。

5.1.3 样本空间

由随机试验 E 的定义可以看出,所有可能结果都是已知的,将每个可能结果都称为 E 的一个样本点,用 ω 表示。随机试验 E 的所有样本点的集合称为 E 的**样本空间**,记为 Ω。

下面我们分析例 5.1~例 5.4 中的样本空间。

例 5.1 中,将两种结果分别记为 ω_1、ω_2,则该试验的样本空间为 $\Omega = \{\omega_1, \omega_2\}$。

例 5.2 中,掷骰子可能出现的点数分别为 1、2、3、4、5、6,则该试验的样本空间为 $\Omega = \{1,2,3,4,5,6\}$。

例 5.3 中, $\Omega = \{0,1,2,\cdots,n\}$,这里的 n 是该动车准备出售的票数。

例 5.4 中, $\Omega = [0, +\infty)$。

5.1.4 随机事件

试验中可能出现的情况称为随机事件,简称事件,常用大写字母 A、B、C 等表示。任何事件均可表示为样本空间的某个子集。在每次试验中,事件 A 发生时,当且仅当子集 A 中的一个样本点 ω 发生。如例 5.2 中,若事件 A 为"出现偶数点",则 $A = \{2,4,6\}$。

集合的子集包括空集和集合本身。由事件的定义可以知道,样本空间 Ω 本身也是事件，它包含了所有可能的试验结果，称为必然事件，无论哪次试验它都会发生，如例 5.2 中的{点数小于等于 6}、例 5.3 中的{至多售出 n 张}。不含任何样本点的空间(记为 ϕ)称为不可能事件，在任何一次试验中都不会发生，如例 5.2 中的{点数等于 8}、例 5.3 中的{售出了 $n+2$ 张}。

5.2 事件的关系和运算

由事件的定义可以看出，我们可以借助"事件发生"的含义用类似集合的关系和运算的方法来分别分析事件的关系和运算，尤其是集合中的韦恩图，可让事件的关系一目了然。

5.2.1 事件的关系

1. 事件的包含

若事件 A 发生时事件 B 一定发生，则称事件 B **包含**事件 A，记作 $A \subseteq B$，如图 5-1 所示。

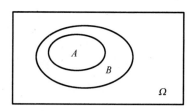

图 5-1 事件的包含

2. 事件的相等

若事件 A 和事件 B 相互包含，即 $A \subseteq B$ 且 $B \subseteq A$，则称事件 A 和事件 B **相等**，记作 $A = B$。

3. 事件的并(或和)

若事件 A 和事件 B 中至少有一个发生，则称为事件 A 和事件 B 的**并(或和)事件**，记作 $A \cup B$ 或 $A+B$，如图 5-2 所示。

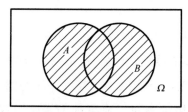

图 5-2 事件的并(或和)

可推广至三个或三个以上事件的并。比如,三个事件 A、B、C 的并可记为 $A \cup B \cup C$。

4．事件的交(或积)

事件 A 和事件 B 同时发生,则称为事件 A 和事件 B 的**交(或积)事件**,记作 $A \cap B$ 或 AB,如图 5-3 所示。

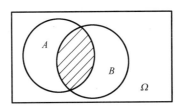

图 5-3　事件的交(或积)

可推广至三个或三个以上事件的交。比如三个事件 A、B、C 的交可记为 $A \cap B \cap C$。

5．事件的互斥(或互不相容)

若事件 A 和事件 B 在同一次试验中不能同时发生,也就是 $AB = \phi$,则称事件 A 和事件 B 是**互斥(或互不相容)**的,如图 5-4 所示。

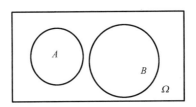

图 5-4　事件的互斥(或互不相容)

6．事件的对立(或补)

称事件 A 不发生为事件 A 的**对立(或补)事件**,记作 $\overline{A}$,如图 5-5 所示。

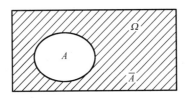

图 5-5　事件的对立(或补)

7．事件的差

若事件 A 发生而事件 B 不发生,则称为事件 A 与事件 B 的**差事件**,记作 $A - B$,如图 5-6 所示。

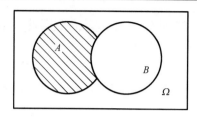

图 5-6 事件的差

5.2.2 事件的运算

设 A、B、C 为事件，则有以下定律。

(1) 交换律：$A \cup B = B \cup A$，$AB = BA$。

(2) 结合律：$A \cup (B \cup C) = (A \cup B) \cup C$，$A(BC) = (AB)C$。

(3) 分配律：$A(B \cup C) = (AB) \cup (AC)$，$A \cup (BC) = (A \cup B)(A \cup C)$。

(4) 对偶律：$\overline{A \cup B} = \overline{A}\,\overline{B}$，$\overline{AB} = \overline{B} \cup \overline{A}$。

实际应用中，往往需要借助事件的关系和运算将要解决的问题用事件表示出来。

例 5.5（废品问题） 一批产品中有合格品和废品，从中有放回地抽取三个产品，设 A_i 表示事件"第 i 次抽到废品"，试用 A_i 的运算表示下列各个事件。

(1) 第二次、第三次中至少有一次抽到废品。

(2) 只有第三次抽到废品。

(3) 三次都抽到废品。

(4) 至少有一次抽到合格品。

(5) 只有两次抽到废品。

解 (1) $A_2 \cup A_3$；(2) $\overline{A_1}\,\overline{A_2}A_3$；(3) $A_1 A_2 A_3$；(4) $\overline{A_1} \cup \overline{A_2} \cup \overline{A_3}$；(5) $A_1 A_2 \overline{A_3} \cup A_1 \overline{A_2} A_3 \cup \overline{A_1} A_2 A_3$。

5.3 事件的概率与独立性

在例 5.2 中，根据事件的定义可以看出事件"出现偶数点"的可能性比"出现 6 点"的可能性更大，因此我们有必要分析这种"可能性的大小"。

5.3.1 概率的统计定义

在 5.1.1 节中，我们已经接触了"频率"及其计算，下面给出频率的定义。

定义 5.1 在相同的条件下，重复 n 次试验，随机事件 A 在 n 次试验中出现的次数

μ_n 称为**频数**,比值 $\frac{\mu_n}{n}$ 称为事件 A 发生的**频率**,记为 $f_n(A) = \frac{\mu_n}{n}$。

$f_n(A)$ 有如下的性质。

(1)非负性:$0 \leq f_n(A) \leq 1$;

(2)规范性:$f_n(\Omega) = 1$;

(3)有限可加性:若 $A_1, A_2, \cdots, A_k$ 互不相容,则 $f_n(\bigcup_{i=1}^{k} A_i) = \sum_{i=1}^{k} f_n(A_i)$。

表 5-1 中呈现的"稳定性"就是所谓的统计规律性。因此,我们引入了概率的统计定义。

定义 5.2(概率的统计定义) 在相同条件下重复进行的 n 次试验中,事件 A 出现 μ_n 次,当 n 无限增大时,事件 A 发生的频率 $f_n(A) = \frac{\mu_n}{n}$ 的稳定值 p 称为事件 A 的**概率**,记为 $P(A)$。

概率的统计定义的好处在于它可以估算概率,这为创业者在分析公司的产品问题时提供了很好的实用决策工具。例如,100 件产品中平均约有 5 件废品,我们就可以简单地说该工厂的废品率为 5%。

5.3.2 概率的公理化定义

概率的公理化定义类似于频率的三个性质。

定义 5.3 设随机试验 E 的样本空间为 Ω,若对每一个事件 A,有且只有一个实数 $P(A)$ 与之对应,且满足如下条件:

(1)非负性:$0 \leq P(A) \leq 1$;

(2)规范性:$P(\Omega) = 1$;

(3)完全可加性:若对任一列两两互斥事件 $A_1, A_2, \cdots, A_n, \cdots$,有

$$P(\bigcup_{n=1}^{\infty} A_n) = \sum_{n=1}^{\infty} P(A_n) \tag{5.1}$$

则称 $P(A)$ 为事件 A 的**概率**。

由概率的公理化定义,可以得到概率的如下基本性质。

性质 5.1 $P(\phi) = 0$。

性质 5.2(有限可加性) 对于两两互斥事件 $A_1, A_2, \cdots, A_n$,有 $P(\bigcup_{k=1}^{n} A_k) = \sum_{k=1}^{n} P(A_k)$。

性质 5.3 $P(\overline{A}) = 1 - P(A)$。

性质 5.4 若 $A \subseteq B$,则 $P(B - A) = P(B) - P(A)$ 且 $P(A) \leq P(B)$。

性质 5.5（加法公式）　　$P(A \cup B) = P(A) + P(B) - P(AB)$。

加法公式可以推广至三个或三个以上事件。比如，设 A、B、C 为三个随机事件，则 $P(A \cup B \cup C) = P(A) + P(B) + P(C) - P(AB) - P(AC) - P(BC) + P(ABC)$。

例 5.6　某理财公司为客户选购了两支股票。据理财公司的技术人员分析，在未来的一段时间内，第一只股票能赚钱的概率为 $\dfrac{3}{4}$，第二只股票能赚钱的概率为 $\dfrac{2}{3}$，两支股票都能赚钱的概率为 $\dfrac{7}{12}$，求至少有一只股票能赚钱的概率。

解　设 $A=\{第一支股票能赚钱\}$，$B=\{第二支股票能赚钱\}$，由题意得 $A \cup B = \{至少有一只股票能赚钱\}$，则

$$P(A \cup B) = P(A) + P(B) - P(AB)$$
$$= \frac{3}{4} + \frac{2}{3} - \frac{7}{12}$$
$$= \frac{5}{6} \approx 0.8333$$

即至少有一只股票赚钱的概率为 0.8333。

5.3.3　概率的古典定义

若随机试验 E 满足以下特征：

(1) 每次试验的结果都只有有限个；

(2) 每个可能结果的发生都是等可能的；

则称 E 为**古典概型**，又称**等可能概型**。

定义 5.4（概率的古典定义）　若样本空间 Ω 的样本点总数为 n，事件 A 包含的样本点总数为 m，则事件 A 的概率为

$$P(A) = \frac{m}{n} \tag{5.2}$$

古典概率的计算在产品的检验、农作物的选种、抽奖活动的设计及实际推理等方面都有着很重要的应用。

例 5.7　箱中装有 50 个电子元器件，其中有 2 个次品，为检查电子元器件的质量，从这箱电子元器件中任意抽取 5 个，求抽取的 5 个电子元器件中恰有 1 个次品的概率。

解　设事件 $A=\{抽取的 5 个电子元器件中恰有 1 个次品\}$，样本空间的样本点总数 $n = C_{50}^{5}$，事件 A 的样本点总数 $m = C_{2}^{1} C_{48}^{4}$，则有

$$P(A) = \frac{C_{2}^{1} C_{48}^{4}}{C_{50}^{5}} \approx 0.1837$$

例 5.8(抽奖券问题) 某超市进行抽奖销售,设共有 n 张券,其中只有 1 张有奖,若每个人只能抽 1 张,则第 k 个人抽到有奖的概率是多少?试就有放回和无放回两种方式回答该问题。

解 在有放回情况下,第 k 个人抽与第 1 个人抽的情况相同,因而所求概率为 $\dfrac{1}{n}$。

在无放回情况下,所求概率为 $\dfrac{(n-1)(n-2)\cdots(n-k+1)}{n(n-1)(n-2)\cdots(n-k+1)} = \dfrac{1}{n}$。

例 5.9 某公司在某一周共接待了 12 次来访,已知这 12 次接待都是在周一和周三进行的,问是否可以推断接待时间是有规定的?

解 设 $A=\{$接待都在周一和周三$\}$,且假设公司每天都有接待,则

$$P(A) = \frac{2^{12}}{7^{12}} \approx 0.0000003$$

此概率很小,因此如果没有规定,这 12 次来访都在周一和周三被接待几乎是不可能的,因此假设不成立,从而推断接待时间应该是有规定的。

5.3.4 概率的几何定义

若随机试验 E 满足以下特征:

(1) 每次试验的结果都有无限个;

(2) 每个可能结果的发生都是等可能的;

则称 E 为**几何概型**。

定义 5.5(概率的几何定义) 设几何概型的样本空间可表示成有度量的区域,仍记为 Ω,若事件 A 所对应的区域仍以 A 表示($A \subset \Omega$),则定义事件 A 的概率为

$$P(A) = \frac{S_A}{S_\Omega} \tag{5.3}$$

其中,S_A、S_Ω 分别表示 A、Ω 的几何度量(一维区间的几何度量为长度,二维、三维区域的几何度量分别为面积和体积)。

例 5.10 丁华家订了一份《东南早报》,送报人可能在早上 6:30 至 7:30 之间把报纸送到丁华家,丁华离开家去工作的时间在早上 7:00 至 8:00 之间,问丁华在离开家前能得到报纸的概率是多少?

解 设事件 $A=\{$丁华离开家前能得到报纸$\}$。如图 5-7 所示,在平面直角坐标系内,以 x 轴和 y 轴分别表示报纸送到的时间和丁华离开家的时间,则丁华能得到报纸的充要条件是 $x \leq y$,(x,y) 的所有可能结果是边长为 1 的正方形,而能得到报纸的所有可能结果由图中阴影部分表示,这是一个几何概型问题。可得

$$P(A) = \frac{1 - \frac{1}{2} \times \frac{1}{2} \times \frac{1}{2}}{1} = \frac{7}{8}$$

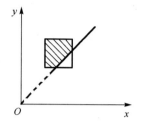

图 5-7 平面直角坐标系

5.3.5 事件的独立性

定义 5.6 设 A 与 B 是同一试验 E 的两个事件，如果 $P(AB) = P(A)P(B)$，则称事件 A 与 B 是**相互独立的**，简称**独立**。

性质 5.6 如果事件 A、B 相互独立，则 A 与 $\overline{B}$、$\overline{A}$ 与 B、$\overline{A}$ 与 $\overline{B}$ 也相互独立。

事件的独立性可推广到多个事件的独立性的情况。设 A_1、A_2、A_3 为同一试验中的三个事件，若满足

$$P(A_1 A_2 A_3) = P(A_1)P(A_2)P(A_3)$$

$$P(A_1 A_2) = P(A_1)P(A_2), \quad P(A_2 A_3) = P(A_2)P(A_3), \quad P(A_1 A_3) = P(A_1)P(A_3)$$

则称 A_1、A_2、A_3 相互独立。

事件的独立性指的是一个事件的发生不受另一个事件发生与否的影响，因此在实际应用中，一般根据实际问题的情况来分析事件的独立性。

例 5.11 某产品的生产分三道工序完成，第一、二、三道工序生产的次品率分别为 3%、2%、4%，各道工序独立完成，求该产品的次品率。

解 设 A={该产品为次品}，A_i={第 i 道工序生产出次品}(i=1,2,3)。三道工序是独立完成的，因此 A_1、A_2、A_3 相互独立，从而 $\overline{A_1}$、$\overline{A_2}$、$\overline{A_3}$ 也相互独立，由题意得 $A = A_1 \cup A_2 \cup A_3$，因此 $\overline{A} = \overline{A_1 \cup A_2 \cup A_3} = \overline{A_1}\,\overline{A_2}\,\overline{A_3}$，则该产品的次品率为

$$P(A) = 1 - P(\overline{A}) = 1 - P(\overline{A_1}\,\overline{A_2}\,\overline{A_3}) = 1 - P(\overline{A_1})P(\overline{A_2})P(\overline{A_3})$$

$$= 1 - 0.97 \times 0.98 \times 0.96 = 0.0874$$

5.4 乘法公式与伯努利概型

5.4.1 条件概率与乘法公式

在人寿保险中，保险公司关心的是在人群中已知活到某个年龄的条件下，未来一

年内死亡的概率。像这种需要考虑在一定条件下的随机事件发生的概率,我们把它称为条件概率。

定义 5.7 设 A、B 是两个随机事件,且 $P(B)>0$,定义在事件 B 发生的条件下事件 A 发生的**条件概率**为

$$P(A|B) = \frac{P(AB)}{P(B)} \tag{5.4}$$

类似地,定义在事件 A 发生的条件下事件 B 发生的条件概率为

$$P(B|A) = \frac{P(AB)}{P(A)} \qquad P(A)>0 \tag{5.5}$$

根据这两个条件概率公式,得到概率的乘法公式

$$P(AB) = P(A)P(B|A) = P(B)P(A|B) \tag{5.6}$$

乘法公式可以推广到两个或两个以上事件的情况。三个事件的乘法公式如下:

$$P(A_1 A_2 A_3) = P(A_1)P(A_2|A_1)P(A_3|A_1 A_2) \qquad P(A_1)>0, \ P(A_1 A_2)>0$$

5.4.2 伯努利概型

定义 5.8 将随机试验 E 重复进行 n 次,每次试验的结果相互独立,每次试验的结果只有 A 和 $\overline{A}$ 两种可能,且 $P(A) = p(0<p<1)$,$P(\overline{A}) = 1-p$,则称这样的试验为**伯努利试验**(或**伯努利概型**)。

性质 5.7 在伯努利概型中,n 次独立试验中事件 A 恰好发生 k 次的概率为

$$P_n(k) = \binom{n}{k} p^k (1-p)^{n-k} \ (0 \leqslant k \leqslant n)$$

例 5.12 某银行装有 4 台取款机,在某时刻每台取款机被使用的概率都为 0.7,试求恰有 2 台、至少 3 台、至多 1 台取款机被使用的概率。

解 4 台取款机可看作 4 次试验。由于每台取款机是否被使用都是相互独立的,且只有两种可能的结果:被使用和没被使用,因此可以看作伯努利概型。恰有 2 台取款机被使用的概率为

$$P_4(2) = C_4^2 \times (0.7)^2 \times (0.3)^2 = 0.2646$$

至少 3 台取款机被使用的概率为

$$\sum_{k=3}^{4} P_4(k) = \sum_{k=3}^{4} C_4^k \times (0.7)^k \times (0.3)^{4-k} = 0.6517$$

至多 1 台取款机被使用的概率为

$$\sum_{k=0}^{1} P_4(k) = \sum_{k=0}^{1} C_4^k \times (0.7)^k \times (0.3)^{4-k} = 0.0837$$

5.5 全概率公式与贝叶斯公式

5.5.1 全概率公式

定理 5.1（全概率公式） 设 $B_1, B_2, \cdots, B_n$ 是一列事件，且满足 $B_i B_j = \phi$，$\bigcup_{i=1}^{n} B_i = \Omega$。如果 $P(B_i) > 0, i = 1, 2, \cdots, n$，则对任意事件 A，有

$$P(A) = \sum_{i=1}^{n} P(B_i) P(A | B_i) \tag{5.7}$$

全概率公式是由"原因"推断"结果"的概率计算公式，也就是说，是已经知道产生"结果"的几个"原因"，要分析"结果"发生的可能性有多大的一种计算方法。

5.5.2 贝叶斯公式

定理 5.2（贝叶斯公式） 设 $B_1, B_2, \cdots, B_n$ 是一列事件，且满足 $B_i B_j = \phi$，$\bigcup_{i=1}^{n} B_i = \Omega$。如果 $P(B_i) > 0, i = 1, 2, \cdots, n$，则对任一事件 $P(A) > 0$ 有

$$P(B_k | A) = \frac{P(B_k) P(A | B_k)}{\sum_{i=1}^{n} P(B_i) P(A | B_i)} \tag{5.8}$$

贝叶斯公式是由"结果"推断"原因"的概率计算公式，也就是说，是已经知道某种"结果"发生了，要分析是哪个"原因"导致"结果"发生的可能性更大的一种计算方法。

例 5.13 已知某厂生产的产品不合格率为 0.1%，但是没有适当的仪器进行检验，有人声称发明了一种仪器可以用来检验，误判的概率为 0.05，且把不合格品判为合格品的概率也是 0.05，试问厂长能否采用该仪器？

解 设 A={任取一件产品为不合格品}，B={任取一件产品被仪器判为不合格品}，则由题意可得

$$P(A) = 0.001, \quad P(\overline{A}) = 0.999$$

$$P(\overline{B}|A) = 0.05, \quad P(B|A) = 0.95, \quad P(B|\overline{A}) = 0.05$$

则有

$$P(B) = P(A)P(B|A) + P(\overline{A})P(B|\overline{A})$$
$$= 0.001 \times 0.95 + 0.999 \times 0.05 = 0.509$$

$$P(A|B) = \frac{P(A)P(B|A)}{P(A)P(B|A) + P(\overline{A})P(B|\overline{A})} = \frac{0.00095}{0.0509} \approx 0.0187$$

也就是说，被判为不合格品的产品中实际上有 98.13% 的产品是合格的。显然，这位厂长不会采用这种仪器。

例 5.14 某婴幼儿用品公司研发了一款纸尿布，投放市场面临滞销（A_1）、一般（A_2）、畅销（A_3）三种结果。由以往的经验，同类产品投入市场后面临各种结果的概率分别是 $P(A_1) = 0.25$、$P(A_2) = 0.35$、$P(A_3) = 0.4$，而且各种结果下能获得大量投资（B）以便做进一步试验的概率分别为

$$P(B|A_1) = 0.04, \quad P(B|A_2) = 0.6, \quad P(B|A_3) = 0.95$$

求：(1) 试验能获得大量投资的概率；

(2) 已获得大量投资，产品面临各种结果的概率。

解 (1) 由全概率公式可得

$$P(B) = \sum_{i=1}^{3} P(A_i)P(B|A_i)$$
$$= 0.25 \times 0.04 + 0.35 \times 0.6 + 0.4 \times 0.95$$
$$= 0.6$$

因此，试验能获得大量投资的概率为 0.6。

(2) 由贝叶斯公式，有

$$P(A_1|B) = \frac{P(A_1)P(B|A_1)}{P(B)} = \frac{0.25 \times 0.04}{0.6} \approx 0.017$$

$$P(A_2|B) = \frac{P(A_2)P(B|A_2)}{P(B)} = \frac{0.35 \times 0.6}{0.6} \approx 0.35$$

$$P(A_3|B) = \frac{P(A_3)P(B|A_3)}{P(B)} = \frac{0.4 \times 0.95}{0.6} \approx 0.633$$

全概率公式和贝叶斯公式在公司的决策中应用很广，可以为高层管理人员分析原因及结果提供很好的概率估算工具，从而减少失败和损失。

思考与练习

1. 市场上供应的某种商品只由甲厂与乙厂生产,甲厂占 60%,乙厂占 40%,甲厂产品的次品率为 7%,乙厂产品的次品率为 8%,从市场上任买一件这种商品,求:(1)它是甲厂次品的概率;(2)它是乙厂次品的概率。

2. 由以往记录的数据分析,当机器调整好时,产品的合格率为 95%;当机器有故障时,产品的合格率为 25%。早上开机先调整机器,根据经验知道,机器调整好的概率为 80%,试求当第一件产品是合格品时,机器调整好的概率。

第6章 一维随机变量及其分布

创新创业的过程往往注重其决策分析的科学性,需要借助数学工具进行定量分析,从而得出更科学、更有效的决策,使得创业更好地进行,并体现出创新行为。因此,对于随机事件的研究,如果借助微积分思想将其定量化,将可以使得研究变得简单、直观、明了。本章所涉及的常见分布的概率计算也可仿照8.3节中的相关方法,利用R进行计算。

6.1 随机变量与分布函数

6.1.1 随机变量

下面我们通过"掷硬币"试验来分析随机事件的定量化,从而引出随机变量的概念。

"掷硬币"试验的样本空间为 $\Omega=\{$出现正面,出现反面$\}$,定义

$$X=X(\omega)=\begin{cases}1, & 出现正面 \\ 0, & 出现反面\end{cases}$$

于是事件 $A=\{$出现反面$\}=\{X=0\}$。

从"掷硬币"试验可以看出,X 的定义与微积分中函数的定义类似,只不过 X 定义在样本空间上,而函数定义在数集上。

定义 6.1 设随机试验 E 的样本空间为 Ω,若对 Ω 中的每个样本点 ω,都有且只有一个实数 $X=X(\omega)$ 与之对应,则称 $X=X(\omega)$ 为**随机变量**。

一般地,用大写字母 $X,Y,Z,\cdots$ 表示随机变量,用小写字母 $x,y,z,\cdots$ 表示随机变量的取值。

6.1.2 分布函数

定义 6.2 设 X 是一个随机变量,对于任意实数 x,称函数

$$F(x)=P(X\leqslant x), \quad -\infty<x<+\infty$$

为 X 的**分布函数**。

分布函数是描述随机现象的统计规律性的概念，在随机事件的概率研究上起到了很重要的作用。同时，概率的计算可转化为分布函数值的计算。

6.2 离散型随机变量及其分布

6.2.1 离散型随机变量

定义 6.3 若随机变量 X 的全部可能取值是有限多个或可列无限多个，则称 X 是**离散型随机变量**。设 X 的所有可能取值为 $x_k(k=1,2,\cdots)$，其概率分别为

$$P(X=x_k)=p_k, \quad k=1,2,\cdots \tag{6.1}$$

则称式(6.1)为离散型随机变量 X 的**分布律**。

在计算分布律时，如果其概率有一定的规律性，则采用定义 6.3 中式(6.1)的形式显然是比较方便的；但如果其概率没有一定的规律性，则可以采用表格的形式，如表 6-1 所示，省去书写很多式子的麻烦。

表 6-1 表格形式的分布律

X	x_1	x_2	$\cdots$	x_k	$\cdots$
P	p_1	p_2	$\cdots$	p_k	$\cdots$

离散型随机变量 X 有以下两个重要的性质。

(1) $p_i \geq 0$。

(2) $\sum_{k=1}^{+\infty} p_k = 1$。

在实际中，有很多随机变量都是离散型随机变量，比如公司的产品检查、保险公司的索赔问题等。通过分析离散型随机变量的分布律，可以让我们更清楚地了解问题的信息，从而更好地厘清决策的思路。

6.2.2 常见的离散型随机变量的分布

常见的离散型随机变量的分布有 0-1 分布、二项分布、泊松分布、超几何分布，本书只介绍前三种。

1. 0-1 分布

若随机变量 X 的分布律为

$$P(X=k)=p^k(1-p)^{1-k}, \quad k=0,1$$

则称 X 服从以 p 为参数的 **0-1 分布**。

"掷硬币"试验中的随机变量服从 0-1 分布。

2．二项分布

若随机变量 X 的分布律为 $0,1,\cdots,n$，且

$$P(X=k)=C_n^k p^k(1-p)^{1-k}, \quad k=0,1,2,\cdots,n$$

其中，$0<p<1$，则称 X 服从以 n、p 为参数的**二项分布**，记为 $X \sim b(n,p)$。

特别地，当 $n=1$ 时，二项分布为 $P(X=k)=p^k(1-p)^{1-k}$，$k=0,1$，也就是 0-1 分布，因此当 X 服从 0-1 分布时，常记为 $X \sim b(1,p)$。

二项分布产生的背景是伯努利概型。在实际应用中，可能结果只有两种的可以采用二项分布进行分析。

例 6.1 某大厦装有 4 个同类型的供水设备。调查表明，在任一时刻 t，每个设备使用的概率均为 0.2，问：

(1) 同一时刻至少有 3 个设备被使用的概率是多少？

(2) 同一时刻至少有 1 个设备被使用的概率是多少？

解 设同一时刻有 X 个设备被使用，由题意可得 $X \sim b(4,0.2)$，其分布律为

$$P(X=k)=C_4^k \times (0.2)^k \times (0.8)^{4-k}, \quad k=0,1,2,3,4$$

(1) $P(X \geq 3) = C_4^3 \times (0.2)^3 \times (0.8)^1 + C_4^4 \times (0.2)^4 \times (0.8)^0 = 0.0272$。

(2) $P(X \geq 1) = 1 - P(X=0) = 1 - C_4^0 \times (0.2)^0 \times (0.8)^0 = 0.5904$。

3．泊松分布

若随机变量 X 的分布律为

$$P(X=k)=\frac{\lambda^k}{k!}\mathrm{e}^{-\lambda}, \quad k=0,1,2,\cdots$$

其中，λ 是常数，$\lambda > 0$，则称 X 服从参数为 λ 的**泊松分布**，记为 $X \sim P(\lambda)$。

在实际应用中，二项分布在 n 很大、p 很小时的计算量很大，而泊松分布可以通过查附录 A 中的表 A.1 计算，因此在 n 很大、p 很小时，可以将二项分布近似成泊松分布计算，也就是下面的定理。

泊松定理 若 $X \sim b(n,p)$，当 n 很大、p 很小时，令 $\lambda = np$，则有

$$C_n^k p^k (1-p)^{n-k} \approx \frac{\lambda^k}{k!}\mathrm{e}^{-\lambda}$$

例 6.2 某保险公司在一天内承保了 5000 张相同年龄段、为期一年的寿险保单，每个投保人一份。在合同有效期内若投保人死亡，则公司需赔付 3 万元。设在一年内，

该年龄段投保人的死亡率为 0.0015，且各投保人是否死亡相互独立，求该公司对于这批投保人的赔付总额不超过 30 万元的概率。

解 设这批投保人在一年内死亡人数为 X，则 $X \sim b(5000, 0.0015)$。因每死亡 1 人公司就需赔付 3 万元，故公司赔付不超过 30 万元意味着在投保期内死亡人数不超过 10 人，即事件"该公司对于这批投保人的赔付总额不超过 30 万元"为"$X \leq 10$"，从而所求概率为

$$P(X \leq 10) = \sum_{k=0}^{10} C_{5000}^{k} \times (0.0015)^k \times (1-0.0015)^{5000-k}$$

$n = 5000$ 很大，$p = 0.0015$ 很小，由泊松定理可得 $\lambda = np = 7.5$，则

$$C_{5000}^{k} \times (0.0015)^k \times (1-0.0015)^{5000-k} \approx \frac{7.5^k}{k!} e^{-7.5}$$

$$\begin{aligned} P(X \leq 10) &= \sum_{k=0}^{10} C_{5000}^{k} \times (0.0015)^k \times (1-0.0015)^{5000-k} \\ &= \sum_{k=0}^{10} \frac{7.5^k}{k!} e^{-7.5} \\ &= 0.8622 \end{aligned}$$

6.3 连续型随机变量及其分布

6.3.1 连续型随机变量

定义 6.4 若随机变量 X 的全部可能取值可能充满一个区间（或若干个区间的并），则称 X 为**连续型随机变量**。设其分布函数为 $F(x)$，则存在某个非负可积的函数 $f(x)$，使得对任意实数 x，有

$$F(x) = \int_{-\infty}^{x} f(t) \mathrm{d}t \tag{6.2}$$

其中，$f(x)$ 称为 X 的**概率密度函数**，简称**概率密度**。

通过分析定义 6.4，并结合微积分中定积分的几何意义，我们可以得到概率密度函数 $f(x)$ 有以下性质。

(1) $f(x) \geq 0$。

(2) $\int_{-\infty}^{\infty} f(x) \mathrm{d}t = 1$。

(3) X 落在区间 (a, b) 的概率为

$$P(a < X \leq b) = F(b) - F(a) = \int_a^b f(x)\,dx$$

(4) X 在某点 a 的概率为 $P(X = a) = 0$。

由性质(3)、(4)可以得到

$$P(a < X \leq b) = P(a \leq X < b) = P(a < X < b) = P(a \leq X \leq b) = \int_a^b f(x)\,dx$$

例 6.3 设 X 是连续型随机变量，其概率密度函数为

$$f(x) = \begin{cases} ax, & 0 < x < 20 \\ 0, & 其他 \end{cases}$$

求：(1) a 的值；(2) 分布函数 $F(x)$；(3) $P(6 < X \leq 12)$。

解 (1) 由 $\int_{-\infty}^{+\infty} f(x)\,dx = 1$，有 $\int_0^{20} ax\,dx = 1$，得 $\dfrac{a}{2}x^2\Big|_0^{20} = 200a = 1$，解得 $a = \dfrac{1}{200}$，因此

$$f(x) = \begin{cases} \dfrac{x}{200}, & 0 < x < 20 \\ 0, & 其他 \end{cases}$$

(2) 由 X 的分布函数的定义 $F(x) = \int_{-\infty}^x f(x)\,dx$，可得

当 $x \leq 0$ 时，$F(x) = 0$；

当 $0 < x < 20$ 时，$F(x) = \int_{-\infty}^x f(t)\,dt = \int_{-\infty}^0 0\,dt + \int_0^x \dfrac{t}{200}\,dt = \dfrac{x^2}{400}$；

当 $x \geq 20$ 时，$F(x) = \int_{-\infty}^x f(t)\,dt = \int_{-\infty}^0 0\,dt + \int_0^{20} \dfrac{t}{200}\,dt + \int_{20}^x 0\,dt = 1$。

故 $F(x) = \begin{cases} 0, & x \leq 0 \\ \dfrac{x^2}{400}, & 0 < x < 20 \\ 1, & x \geq 20 \end{cases}$。

(3) $P(6 < X \leq 12) = F(12) - F(6) = \dfrac{12^2}{400} - \dfrac{6^2}{400} = \dfrac{27}{100}$。

例 6.4 某种类型电子产品的寿命 X(单位：小时)具有以下概率密度函数

$$f(x) = \begin{cases} \dfrac{800}{x^2}, & x > 800 \\ 0, & x \leq 800 \end{cases}$$

现有一大批该产品，设各产品损坏与否相互独立，现任取 3 只该产品，求 3 只中有 1 只寿命大于 1200 小时的概率。

解 把取 3 只产品看成 3 次重复独立试验,每次试验时取 1 只产品,试验结果是产品寿命大于 1200 小时或不超过 1200 小时,其概率分别是 p 和 $1-p$,这是伯努利概型。分析题意得到

$$p = P(X > 1200) = \int_{200}^{+\infty} f(x) \mathrm{d}x$$
$$= \int_{200}^{+\infty} \frac{800}{x^2} \mathrm{d}x = \frac{2}{3}$$

因此可得

$$P(3 \text{只产品中恰有 1 只寿命大于 1200 小时}) = C_3^1 \times \frac{2}{3} \times \left(\frac{1}{3}\right)^2 = \frac{2}{9}$$

在实际中,很多随机变量属于连续型随机变量,如灯泡的使用寿命、通话时间等。因此,借助连续型概率密度函数及其相关的性质能很好地分析问题,得出相关的概率,从而更好地为决策提供相关的信息。

6.3.2 常见的连续型随机变量的分布

常见的连续型随机变量的分布有均匀分布、指数分布、正态分布、伽马分布。下面只介绍前三种分布的概率密度函数和分布函数。

1. 均匀分布

若随机变量 X 的概率密度函数为

$$f(x) = \begin{cases} \dfrac{1}{b-a}, & a < x < b \\ 0, & \text{其他} \end{cases} \tag{6.3}$$

则称 X 在区间 (a,b) 上服从**均匀分布**,记为 $X \sim U(a,b)$。

其相应的分布函数为

$$F(x) = \begin{cases} 0, & x < a \\ \dfrac{x-a}{b-a}, & a \leqslant x < b \\ 1, & x \geqslant b \end{cases} \tag{6.4}$$

若 $(c,d) \subset (a,b)$,则有

$$P(c < X < d) = \int_c^d \frac{1}{b-a} \mathrm{d}x = \frac{d-c}{b-a}$$

因此,第 5 章中的几何概型也可以通过均匀分布的方法进行计算。

2. 指数分布

若随机变量 X 的概率密度函数为

$$f(x) = \begin{cases} \lambda e^{-\lambda x}, & x > 0 \\ 0, & x \leq 0 \end{cases} \tag{6.5}$$

其中，$\lambda > 0$ 是常数，则称 X 服从以 λ 为参数的**指数分布**。

其相应的分布函数为

$$F(x) = \begin{cases} 1 - e^{-\lambda x}, & x \geq 0 \\ 0, & x < 0 \end{cases} \tag{6.6}$$

例 6.5 设打一次电话所用的时间（单位：分钟）服从参数为 0.3 的指数分布，如果有人刚好在你走进公用电话间时开始打电话（假设公用电话间只有一部电话机可供通话），试求你将等待：(1) 超过 10 分钟的概率；(2) 10 分钟到 15 分钟之间的概率。

解 设 X 为电话间那个人打电话所用的时间，则 $X \sim E(3)$，因此 X 的概率密度函数为

$$f(x) = \begin{cases} 0.3 e^{-0.3x}, & x > 0 \\ 0, & x \geq 0 \end{cases}$$

所求概率分别为

$$P(X > 10) = \int_0^{+\infty} 0.3 e^{-0.3x} dx = -e^{-0.3}\Big|_{10}^{+\infty} = e^{-3}$$

$$P(10 < X < 15) = \int_0^{15} 0.3 e^{-0.3x} dx = -e^{-0.3}\Big|_{10}^{15} = e^{-3} - e^{-4.5}$$

指数分布可以用来表述各种"寿命"的分布，同时，也可以用来表示通话时间或服务时间等相关的分布，如例 6.5。

3. 正态分布

设随机变量 X 的概率密度函数为

$$f(x) = \frac{1}{\sqrt{2\pi}\sigma} e^{-\frac{(x-\mu)^2}{2\sigma^2}}, \quad -\infty < x < +\infty \tag{6.7}$$

其中，μ 和 σ 为常数且 $\sigma > 0$，则称随机变量 X 服从参数为 μ 和 σ 的**正态分布**，记为 $X \sim N(\mu, \sigma^2)$。其相应的分布函数为

$$F(x) = \frac{1}{\sqrt{2\pi}\sigma} \int_{-\infty}^{x} e^{-\frac{(t-\mu)^2}{2\sigma^2}} dt \tag{6.8}$$

通过统计软件(如 R)可以绘制出 $f(x)$ 的图形,取不同的 μ 或 σ 将得到不同的图形,如图 6-1~图 6-3 所示。

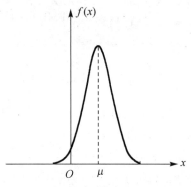

图 6-1 $f(x)$ 的图形(1)

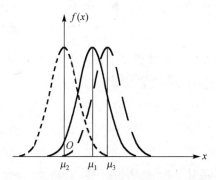

图 6-2 $f(x)$ 的图形(2)

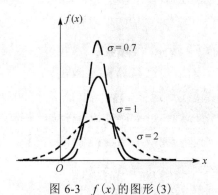

图 6-3 $f(x)$ 的图形(3)

由正态分布的定义及图形,可以得到下面的相关性质。

(1) 曲线 $y=f(x)$ 呈钟形曲线,关于 $x=\mu$ 对称。

(2) 当 $x=\mu$ 时,$y=f(x)$ 取最大值 $\dfrac{1}{\sqrt{2\pi}\sigma}$,且在 $(-\infty,\mu)$ 内单调增加,在 $(\mu,+\infty)$ 内单调减少。

(3) $y = f(x)$ 以 Ox 轴为水平渐近线。

(4) 当 σ 固定时,改变 μ 的值, $y = f(x)$ 的图形沿 Ox 轴平移而不改变形状。

(5) 当 μ 固定时,改变 σ 的值,则 $y = f(x)$ 的图形的形状随着 σ 的增大而变得平坦。

参数 $\mu = 0$、$\sigma = 1$ 的正态分布称为**标准正态分布**,记为 $X \sim N(0,1)$,其概率密度函数记为

$$\varphi(x) = \frac{1}{\sqrt{2\pi}} e^{-\frac{x^2}{2}}, \quad -\infty < x < +\infty \tag{6.9}$$

其相应的分布函数为

$$\Phi(x) = P(X \leq x) = \frac{1}{\sqrt{2\pi}} \int_{-\infty}^{x} e^{-\frac{t^2}{2}} dt \tag{6.10}$$

结合标准正态分布的分布函数 $\Phi(x)$ 的附表(见表 A.2)及标准正态分布的性质,可以得到关于其概率的计算如下。

(1) 若 $X \sim N(0,1)$,则当 $x \geq 0$ 时,$P(X \leq x) = \Phi(x)$;当 $x < 0$ 时,$P(X \leq x) = 1 - \Phi(-x)$。

(2) 若 $X \sim N(\mu, \sigma^2)$,则先标准化 $Y = \dfrac{X - \mu}{\sigma}$,再利用标准正态分布计算。本节主要涉及下面两种类型的计算方法:

$$P(X \leq x) = \Phi\left(\frac{x - \mu}{\sigma}\right)$$

$$P(a < X \leq b) = \Phi\left(\frac{b - \mu}{\sigma}\right) - \Phi\left(\frac{a - \mu}{\sigma}\right)$$

例 6.6 设某城市成年男子身高的分布为 $X \sim N(170, 6^2)$(单位:cm),应如何设计公共汽车的车门的高度,使得男子被车门顶碰头的概率小于 0.01?

解 设公共汽车的车门高度为 h(单位:cm),h 应满足
$$P(X > h) < 0.01$$

$$P(X > h) = 1 - P(X \leq h) = 1 - \Phi\left(\frac{h - 170}{6}\right) < 0.01$$

即 $\Phi\left(\dfrac{h - 170}{6}\right) > 0.99$,查表得 $\dfrac{h - 170}{6} > 2.33$,也就是 $h > 183.98$。

因此,应该设计公共汽车的车门高度超过 183.98cm,才会使得男子被车门顶碰头的概率小于 0.01。

正态分布是概率论与数理统计中最重要的分布。正态分布有其对应的计算表。在实际应用中,可以将一些其他分布近似成正态分布,通过查表进行计算。

6.4 一维随机变量函数及其分布

在理论和实际应用中,往往会遇到需要考虑某个随机变量 X 的函数的分布情况。本节主要讨论离散型和连续型随机变量函数的分布的计算方法。

6.4.1 离散型随机变量函数的分布

例 6.7 盒中有 8 件产品,其中 3 件为次品。现从盒中任取 2 件产品,计算次品数 X 的函数 $Y = 2X$ 的分布律。

解 X 的可能取值为 0、1、2,其概率分别为

$$P(X=0) = \frac{C_5^2}{C_8^2} = \frac{5}{14}$$

$$P(X=1) = \frac{C_5^1 C_3^1}{C_8^2} = \frac{15}{28}$$

$$P(X=2) = \frac{C_5^0 C_3^2}{C_8^2} = \frac{3}{28}$$

则 Y 的分布律如表 6-2 所示。

表 6-2 例 6.7 中 Y 的分布律

Y	0	2	4
P	$\frac{5}{14}$	$\frac{15}{28}$	$\frac{3}{28}$

例 6.8 设随机变量 X 的分布律如表 6-3 所示。

表 6-3 例 6.8 中 X 的分布律

X	−1	0	1	3
P	$\frac{3}{10}$	$\frac{1}{10}$	$\frac{1}{5}$	$\frac{2}{5}$

求 $Y = X^2$ 的分布律。

解 X^2 的可能取值为 0、1、9,其概率分别为

$$P(X^2 = 0) = P(X = 0) = \frac{1}{10}$$

$$P(X^2 = 1) = P(X = -1) + P(X = 1) = \frac{3}{10} + \frac{1}{5} = \frac{1}{2}$$

$$P(X^2=2) = P(X=3) = \frac{2}{5}$$

因此，$Y=X^2$ 的分布律如表 6-4 所示。

表 6-4 例 6.8 中 $Y=X^2$ 的分布律

$Y=X^2$	0	1	9
P	$\frac{1}{10}$	$\frac{1}{2}$	$\frac{2}{5}$

通过例 6.7、例 6.8 的计算，我们可以分析出以下离散型随机变量函数的分布计算方法。

设离散型随机变量 X 的分布律如表 6-5 所示，则随机变量函数 $Y=g(X)$ 的分布律如表 6-6 所示。其中，$g(a_i)$ 的值中相等的，应进行合并。

表 6-5 离散型随机变量 X 的分布律

X	a_1	a_2	$\cdots$	a_n	$\cdots$
P	p_1	p_2	$\cdots$	p_n	$\cdots$

表 6-6 随机变量函数 $Y=g(X)$ 的分布律

$Y=g(X)$	$g(a_1)$	$g(a_2)$	$\cdots$	$g(a_n)$	$\cdots$
P	p_1	p_2	$\cdots$	p_n	$\cdots$

6.4.2 连续型随机变量函数的分布

例 6.9 设随机变量 X 的概率密度函数为

$$f(x) = \begin{cases} 2x, & 0 \leq x \leq 1 \\ 0, & 其他 \end{cases}$$

求 $Y=1-X$ 的概率密度函数。

解 由于 $F_Y(y) = P(Y \leq y) = P(1-X \leq y) = P(X \geq 1-y)$，所以随机变量 X 的取值区间是 $[0,1]$，则 $Y=1-X$ 的取值区间是 $[0,1]$。

当 $y<0$ 时，$F_Y(y)=0$；

当 $0 \leq y < 1$ 时，$F_Y(y) = \int_{-y}^{1} 2x dx = 2y - y^2$；

当 $y \geq 1$ 时，$F_Y(y) = \int_{0}^{1} 2x dx = 1$。

因此，随机变量 $Y=1-X$ 的分布函数为

$$F_Y(y) = \begin{cases} 0, & y<0 \\ 2y-y^2, & 0 \leq y < 1 \\ 1, & y \geq 1 \end{cases}$$

对 $F_Y(y)$ 关于 y 求导，得

$$f_Y(y) = F_Y'(y) = \begin{cases} y - 2y, & 0 < y < 1 \\ 0, & 其他 \end{cases}$$

通过例 6.9，我们分析出连续型随机变量函数的概率密度函数的计算方法：首先计算 $F_Y(y) = P(Y \leq y) = P(g(X) \leq y) = P(X \in I_y) = \int_{I_y} f(x) dx$，接着计算 $f_Y(y) = F_Y'(y)$。

在计算过程中，$F_Y(y)$ 不一定要计算出来，可以借助微积分中的变上限求导直接算出 $f_Y(y) = F_Y'(y)$。另外，当 $Y = g(X)$ 是单调函数时，利用下面的定理计算更为简便。

定理 6.1 设连续型随机变量 X 的概率密度函数为 $f_X(x)$，$y = g(x)$ 是严格单调函数，且具有一阶连续导数，$x = h(y)$ 是 $y = g(x)$ 的反函数，则 $Y = g(X)$ 的概率密度函数为

$$f_Y(x) = f_X[h(y) | h'(y)]$$

例 6.10 设电压 $Y = A\sin x$，其中 A 是一个已知的正常数，相角 x 是一个随机变量，且 $X \sim U\left(-\frac{\pi}{2}, \frac{\pi}{2}\right)$，试求电压 Y 的概率密度函数。

解

$$f_X(x) = \begin{cases} \dfrac{1}{\pi}, & -\dfrac{\pi}{2} < x < \dfrac{\pi}{2} \\ 0, & 其他 \end{cases}$$

$y = g(x) = A\sin x$ 在 $\left(-\dfrac{\pi}{2}, \dfrac{\pi}{2}\right)$ 上单调增加且具有一阶连续导数，其反函数 $x = h(y) = \arcsin \dfrac{y}{A}$，其导数 $h'(y) = \dfrac{1}{\sqrt{A^2 - y^2}}$。

因此 Y 的概率密度函数为

$$f_Y(x) = f_X[h(y) | h'(y)] = \begin{cases} \dfrac{1}{\pi\sqrt{A^2 - y^2}}, & -A < x < A \\ 0, & 其他 \end{cases}$$

思考与练习

1. 设某射手每次击中目标的概率为 0.5，现在连续射击 10 次，求击中目标的次数 X 的概率分布；又设至少命中 3 次才可以参加下一步的考核，求此射手不能参加考核的概率。

2. 设有同类型设备 300 台，各台设备工作时相互独立，发生故障的概率都是 0.01。设 1 台设备的故障由 1 人处理，问：

(1) 若配备 3 人维修这些设备，求设备发生故障而需要等待维修的概率。

(2) 至少需要配备多少人维修，才能保证当设备发生故障不能及时维修的概率小于 0.02。

3. 顾客在某银行窗口等待服务的时间 X 服从参数为 $\frac{1}{5}$ 的指数分布，X 的计时单位为分钟，若等待时间超过 10 分钟，则顾客就离开。设某顾客一个月内要来银行 5 次，以 Y 表示一个月内他没有等到服务而离开窗口的次数，求 Y 的分布律及至少有一次没有等到服务的概率 $P(Y \geq 1)$。

4. 设 $X \sim N(160, \sigma^2)$，若使 X 落在 $(120, 200)$ 之间的概率不小于 0.8，则允许 σ 最大为多少？

第 7 章 随机变量的数字特征

在随机变量的研究中,我们经常关心的是平均值和随机变量的分散程度。其实平均值和分散程度就是随机变量的两个重要的数字特征——数学期望和方差。数学期望和方差运用在社会生活、生产实践、公司管理中,为创业者提供了有力的数学工具。

7.1 数学期望

7.1.1 一维随机变量的数学期望

1. 离散型随机变量的数学期望

定义 7.1 设离散型随机变量 X 的分布律为 $P(X=x_i)=p_i(i=1,2,\cdots)$,若级数 $\sum_i x_i p_i$ 绝对收敛,则称该级数为 X 的**数学期望**或**均值**,即

$$E(X)=\sum_i x_i p_i \tag{7.1}$$

由定义 7.1,我们可以看出数学期望其实是以概率为权的加权平均。

例 7.1 某城镇要在 4 个投资项目 A_1、A_2、A_3、A_4 中选择 1 个项目进行投资,根据调研的情况可知,4 个项目的销售情况都会面临销路好、销路一般、销路差 3 种状态,3 种状态的概率分别为 $p_1=0.3$、$p_2=0.5$、$p_3=0.2$,在不同的销售状态下,各投资项目的年收益(单位:万元)如表 7-1 所示。

表 7-1 例 7.1 中各投资项目的年收益　　　　　　　　单位:万元

	销路好 ($p_1=0.3$)	销路一般 ($p_2=0.5$)	销路差 ($p_3=0.2$)
项目 A_1	18	11	9
项目 A_2	20	12	8
项目 A_3	16	15	10
项目 A_4	12	12	12

现选择哪个项目投资是最优的?

解 将第 k 个项目的年收益用随机变量 X_k 表示,则 4 个项目年收益的数学期望分别为

$$E(X_1) = 18 \times 0.3 + 11 \times 0.5 + 9 \times 0.2 = 12.7$$

$$E(X_2) = 20 \times 0.3 + 12 \times 0.5 + 8 \times 0.2 = 13.6$$

$$E(X_3) = 16 \times 0.3 + 15 \times 0.5 + 10 \times 0.2 = 14.3$$

$$E(X_4) = 12 \times 0.3 + 12 \times 0.5 + 12 \times 0.2 = 12$$

通过比较可知，选择项目 A_3 进行投资是最优决策。

2. 连续型随机变量的数学期望

类似地，可定义连续型随机变量的数学期望。

定义 7.2 设连续型随机变量 X 的概率密度函数为 $f(x)$，若积分 $\int_{-\infty}^{+\infty} xf(x)dx$ 绝对收敛，则称该积分为 X 的**数学期望**或**均值**，即

$$E(X) = \int_{-\infty}^{+\infty} xf(x)dx \tag{7.2}$$

由式(7.2)可以看出，$E(X)$ 是一个积分，因此需要借助微积分中有关积分的方法辅助计算。常见的积分方法有积分基本公式、基本积分表、分部积分法、换元积分法等。

例 7.2 设在一段规定的时间里，某电气设备用于最大负荷的时间 X（单位：min）是一个随机变量，其概率密度函数为

$$f(x) = \begin{cases} \dfrac{1}{600^2}x, & 0 \leq x \leq 600 \\ \dfrac{-1}{600^2}(x-1200), & 600 < x \leq 1200 \\ 0, & \text{其他} \end{cases}$$

求 $E(X)$。

解

$$E(X) = \int_{-\infty}^{+\infty} xf(x)dx = \int_0^{600} x \cdot \frac{1}{600^2} xdx + \int_{600}^{1200} \frac{-1}{600^2}(x-1200)dx = 600$$

7.1.2 一维随机变量函数的数学期望

在实际问题中，有时所考虑的随机变量需要依赖于另一个随机变量，也就是求 $Y = g(X)$ 的分布。

定理 7.1 若随机变量 X 的分布函数已知，则随机变量的函数 $Y = g(X)$ 的数学期望为

$$E(Y) = E[g(X)]$$
$$= \begin{cases} \sum_{i=1}^{\infty} g(x_i) p_i, & \text{当} X \text{为离散型随机变量时,其分布律为} P(X = x_i) = p_i, \ i = 1, 2, \cdots \\ \int_{-\infty}^{+\infty} g(x) f(x) \mathrm{d}x, & \text{当} X \text{为连续型随机变量时,其概率密度函数为} f(x) \end{cases}$$

(7.3)

这里要求上述级数与积分都是绝对收敛的。

例 7.3 设一部机器在一天内发生故障的概率为 0.2,机器发生故障时全天停止工作。若一周 5 个工作日内无故障,则可获利润 10 万元,发生 1 次故障仍可获利润 5 万元,发生 2 次故障无利润,发生 3 次或 3 次以上故障就要亏损 2 万元,一周内的期望利润是多少?

解 X 表示一周 5 个工作日内发生的故障天数,则有 $X \sim b(5, 0.2)$,因此

$$P(X = 0) = 0.8^5 = 0.328$$

$$P(X = 1) = C_5^1 \times 0.2 \times 0.8^4 = 0.410$$

$$P(X = 2) = C_5^2 \times 0.2^2 \times 0.8^3 = 0.205$$

$$P(X \geqslant 3) = 1 - P(X = 0) - P(X = 1) - P(X = 2) = 0.057$$

若 Y 表示所获利润,则有

$$Y = g(X) = \begin{cases} 10, & X = 0 \\ 5, & X = 1 \\ 0, & X = 2 \\ -2, & X \geqslant 3 \end{cases}$$

于是 $E(Y) = E[g(X)] = 10 \times 0.328 + 5 \times 0.410 + 0 \times 0.205 - 2 \times 0.057 = 5.216$(万元)。

例 7.4 某工厂生产的某种设备的寿命 X(以年计)服从指数分布,其概率密度函数为

$$f(x) = \begin{cases} \dfrac{1}{4} \mathrm{e}^{-\frac{x}{4}}, & x > 0 \\ 0, & x \leqslant 0 \end{cases}$$

工厂规定出售的设备在售出一年内损坏予以调换。若工厂售出一台设备赢利 100 元,调换一台设备需花费 300 元,试求厂方出售一台设备净赢利的数学期望。

解 设出售一台设备的净赢利为

$$g(X) = \begin{cases} 100, & X \geqslant 1 \\ -200, & 0 \leqslant X < 1 \end{cases}$$

则
$$E[g(X)] = \int_{-\infty}^{+\infty} g(x)f(x)\mathrm{d}x$$
$$= \int_0^1 (-200) \times \frac{1}{4}\mathrm{e}^{-\frac{x}{4}}\mathrm{d}x + \int_1^{+\infty} 100 \times \frac{1}{4}\mathrm{e}^{-\frac{x}{4}}\mathrm{d}x$$
$$= 200\mathrm{e}^{-\frac{x}{4}}\big|_0^1 - 100\mathrm{e}^{-\frac{x}{4}}\big|_1^{+\infty}$$
$$= 200(\mathrm{e}^{-\frac{1}{4}} - 1) + 100\mathrm{e}^{-\frac{1}{4}}$$
$$= 300\mathrm{e}^{-\frac{1}{4}} - 200 \approx 33.64(\text{元})$$

7.2 方差和标准差

当我们调查公司产品的质量时，仅了解其质量平均值是不够的，还需要了解每个产品的质量与其平均值之间的偏离程度。在统计学中，偏离程度用方差来表示。

7.2.1 方差的定义

定义 7.3 设 X 为随机变量，若 $E[X-E(X)]^2$ 存在，则称 $E[X-E(X)]^2$ 为 X 的**方差**，记为 $D(X)$，即

$$D(X) = E[X-E(X)]^2 \tag{7.4}$$

同时称 $\sqrt{D(X)}$ 为 X 的**标准差**或**均方差**，记为 $\sigma(X)$，即 $\sigma(X) = \sqrt{D(X)}$。

$D(X)$ 与 $\sigma(X)$ 用来表述 X 取值的分散程度。由定义 7.3 可以得到其计算方法如下：

$$D(X) = \begin{cases} \sum_{k=1}^{\infty}[x_k - E(X)]^2 p_k, & X\text{为离散型随机变量} \\ \int_{-\infty}^{+\infty}[x - E(X)]^2 f(x)\mathrm{d}x, & X\text{为连续型随机变量} \end{cases} \tag{7.5}$$

这种计算方法显然比较烦琐。在实际计算过程中，我们可以采用下面的简便计算公式：

$$D(X) = E(X^2) - [E(X)]^2 \tag{7.6}$$

该公式可由方差的定义及数学期望的性质得到。

例 7.5 设离散型随机变量 X 的分布律如表 7-2 所示，求 $D(X)$。

表 7-2 例 7.5 中 X 的分布律

X	0	1	2
p_i	0.2	0.5	0.3

解

$$E(X) = 0 \times 0.2 + 1 \times 0.5 + 2 \times 0.3 = 1.1$$

$$E(X^2) = 0^2 \times 0.2 + 1^2 \times 0.5 + 2^2 \times 0.3 = 1.7$$

由此可得 $D(X) = E(X^2) - [E(X)]^2 = 1.7 - 1.1^2 = 0.49$。

例 7.6 某人有一笔资金，可投入两个项目：房地产和商业，其收益都与市场状态有关。若把未来市场分为好、中、差 3 个等级，其发生的概率分别为 0.2、0.7、0.1。通过调查，该投资者认为投资房地产的收益 X 和投资商业的收益 Y 的分布律分别如表 7-3 和表 7-4 所示，该人应将这笔资金投入哪个项目？

表 7-3 X 的分布律　　　　　　　　　　　　　单位：万元

X	11	3	−3
p	0.2	0.7	0.1

表 7-4 Y 的分布律　　　　　　　　　　　　　单位：万元

Y	6	4	−1
p	0.2	0.7	0.1

解

$$E(X) = 11 \times 0.2 + 3 \times 0.7 + (-3) \times 0.1 = 4.0 \text{（万元）}$$

$$E(Y) = 6 \times 0.2 + 4 \times 0.7 + (-1) \times 0.1 = 3.9 \text{（万元）}$$

$$D(X) = (11-4)^2 \times 0.2 + (3-4)^2 \times 0.7 + (-3-4)^2 \times 0.1 = 15.4$$

$$D(Y) = (6-3.9)^2 \times 0.2 + (4-3.9)^2 \times 0.7 + (-1-3.9)^2 \times 0.1 = 3.29$$

从平均收益看，投资房地产的收益大，可比投资商业多收益 0.1 万元。但从风险来看，因为投资房地产的方差比投资商业的方差大很多，也就是收益波动更大、风险更大。因此，若对收益与风险进行综合权衡，该投资者还是应该选择投资商业，虽然平均收益比投资房地产少 0.1 万元，但风险小得多。

7.2.2 常见随机变量的数学期望和方差

下面给出本书中常见的随机变量的数学期望和方差，在实际运用时可以直接查阅。

(1) 0-1 分布：$E(X) = p$，$D(X) = p(1-p)$。

(2) 二项分布：$E(X) = np$，$D(X) = np(1-p)$。

(3) 泊松分布：$E(X) = \lambda$，$D(X) = \lambda$。

(4) 均匀分布：设 X 服从 $[a,b]$ 上的均匀分布，则 $E(X) = \dfrac{a+b}{2}$，$D(X) = \dfrac{1}{12}(b-a)^2$。

(5) 指数分布：设 X 服从参数为 λ 的指数分布，则 $E(X) = \lambda$，$D(X) = \dfrac{1}{\lambda^2}$。

(6) 正态分布：$X \sim N(\mu, \sigma^2)$，则 $E(X) = \mu$，$D(X) = \sigma^2$。

同时，结合数学期望和方差的定义得到了它们相关的性质：设 a, b, c 均为常数，则

(1) $E(c) = c$，$D(c) = 0$；

(2) $E(aX + bY) = aE(X) + bE(Y)$，$D(aX) = a^2 D(X)$，$D(X+c) = D(X)$。

已知常见的随机变量的数学期望和方差，结合数学期望、方差的性质可以化简很多计算。

例 7.7 已知 $X \sim P(2)$，计算 $Y = 2X - 3$ 的数学期望 $E(Y)$ 和方差 $D(Y)$。

解 由 $X \sim P(2)$ 可以得到 $E(X) = 2$，则有
$$E(Y) = E(2X - 3) = 2E(X) - 3 = 1$$
$$D(Y) = D(2X - 3) = 2^2 D(X) = 8$$

数学期望和方差主要运用于投资理财、商品的生产和销售、经济损失估计等。在实际应用中，往往不是简单的一个变量或两个变量的数学期望或方差，有时受到多个因素的影响，因此决策者在运用数学期望和方差时需要结合问题自身的信息进行分析，实现合理的决策。

思考与练习

1. 某商场新进的一批商品中有一、二、三等品及废品 4 种等级类型，相应的概率分别为 0.6、0.3、0.06、0.04，每件商品的盈亏与商品的等级类型有关，一、二、三等品及废品每件的盈亏分别为 7 元、5 元、2 元、-3 元，试估算这批商品平均每件盈利多少。

2. 某公司生产的机器，无故障工作时间 X(单位：万小时) 的概率密度函数为
$$f(x) = \begin{cases} \dfrac{1}{x^2}, & x \geq 1 \\ 0, & 其他 \end{cases}$$

公司每售出一台机器可获利 1600 元，若机器售出后在使用 1.2 万小时之内出故障，则应予以更换，这时每台亏损 1200 元；若在 1.2 万～2 万小时之间出故障，则予以维

修，由公司承担维修费 400 元；在使用 2 万小时以后出故障，则由用户自己负责。求该公司售出一台机器的平均获利。

3. 已知连续型随机变量 X 的概率密度函数为

$$f(x) = \begin{cases} \dfrac{\ln x}{2x}, & 1 \leqslant x \leqslant \mathrm{e} \\ 0, & \text{其他} \end{cases}$$

求方差 $D(X)$。

第 8 章 统计概述与 R 的初步使用

8.1 统 计 概 述

8.1.1 统计的含义

最初,统计只是一种计数活动,统治者为了管理国家需要收集资料,通过计数可弄清国家的人力、物力和财力,作为国家管理的依据。今天,尤其随着大数据时代的到来,在不同场合,"统计"一词可以具有不同的含义,通常包含以下三种含义。

一是统计工作,指统计数据的搜集活动。从事统计工作的人所提到的"统计"一般就是指统计工作。

二是统计数据,指统计工作的结果。在《统计年鉴》、报纸、杂志、网络及其他媒体上都会见到大量的统计数据,这些数据就是统计工作成果的体现。

三是统计学,指分析统计数据的方法和技术,这是从事统计教学和科研的人心目中的统计。

目前,随着统计方法在各个领域的应用,统计学已发展成为具有多个分支学科的大家族,其定义繁多。《美国百科全书》中把统计学界定为"一门在不确定性方面为了做出正确的推断而进行搜集、分析定量数据的科学和艺术",《大英百科全书》中认为"统计学是一门搜集数据、分析数据,并根据数据进行推断的艺术和科学,最初与政府搜集数据有关,现在包括了范围广泛的方法和理论",《中国百科全书》将统计学定义为"一门研究怎样有效地搜集、整理和分析带有随机性的数据,以对所考察的问题做出推断或预测,直至为采取一定的决策和行动提供依据和建议的学科"。由此可见,统计学是一门收集、整理和分析统计数据的方法科学,其目的是探索数据的内在规律性,以实现对客观事物的科学认识。

统计方法已被应用到自然科学和社会科学的众多领域,统计学也已发展成为由若干分支学科组成的学科体系。从统计方法的构成来看,统计学可以分为描述统计学和推断统计学。描述统计学研究的是数据收集、处理、汇总、图标描述、概括与分析等统计方法。推断统计学研究的是如何利用样本数据来推断总体特征的统计方法。比如,从一批电池中随机抽取少量电池作为样本,测出它们的使用寿命,然后根据样本电池的平均使用寿命估计这批电池的平均使用寿命,或者检验这批电池的使用寿命是否等于某个假定值,这就是推断统计学要解决的问题。

8.1.2 变量与数据

在统计中,我们把说明现象某种特征的概念称为变量,如"商品销售额""受教育程度""某只股票的收盘价""投掷一枚骰子出现的点数""产品的质量等级"等都是变量。变量的特点是从这一次观察到下一次观察可能会出现不同结果,变量的观测结果为变量值,也就是数据。

变量可以分为以下几种类型。

(1) 分类变量

它是说明事物类别的一个名称。这类变量的数值表现就是分类数据。例如,"性别"就是个分类变量,其变量值表现为"男"或"女";"经济类型"也是一个分类变量,其变量值表现为"国有经济""集体经济""个体经济"等。

(2) 顺序变量

它是说明事物有序类别的一个名称,其取值是顺序数据。例如,"产品等级"就是一个顺序变量,其变量值可以为"一等品""二等品""三等品""次品"等;"受教育程度"也是一个顺序变量,其变量值可以为"小学""初中""高中""大学"等;一个人对事物的看法也是一个顺序变量,其变量值可以为"同意""保持中立""反对"等。一般地,分类数据、顺序数据也常合称定性数据。

(3) 数值变量

它是取值为数字的变量,也称定量变量。例如,"企业销售额""某只股票的收盘价""生活费支出""投掷一枚骰子出现的点数"等变量的取值可以用数字来表示,都属于数值变量,数值变量的观察结果称为数值数据或定量数据。

数值变量根据其取值的不同,可以分为离散变量和连续变量。离散变量是只能取有限个值的变量,而且取值可以一一列举,如"企业数""产品数量"等就是离散变量。连续变量是可以在一个或多个区间中取任何值的变量,它的取值是连续不断的,不能一一列举,如"温度""零件尺寸的误差"等都是连续变量。

变量这一概念我们以后经常要用到,但多数情况下我们所说的变量是指数值变量,大多数统计方法所处理的也都是数值变量,因此有时把数值变量简称为变量。

统计数据按照被描述的现象与时间的关系,可以分为截面数据和时间序列数据。截面数据通常是在不同的空间上获得的,比如,2017年我国各地区的GDP数据就是截面数据。时间序列数据是在不同时间收集的数据,这类数据是按照时间顺序收集的,用于描述现象随时间变化的情形,比如,2000—2017 年我国的 GDP 数据就是时间序列数据。

8.1.3 统计中的几个基本概念

1. 总体、个体

一般地,在统计学中我们把研究对象的全体称为总体,而把组成总体的每一单元称为个体。例如,工厂生产的所有显像管就组成一个**总体**,其中的每一个显像管就是一个**个体**。

但在实际中,我们往往关心的不是个体的具体性能,而是它的某个指标值,每个个体都有自己的指标值。假如我们的研究仅限于此,那么指标值就可以看作个体,所有指标值就组成一个总体。总体中的指标值可以相同,也可以不同。有些指标值重复次数多一些,即出现的可能性大一些;有些指标值重复次数少一些,即出现的可能性小一些。不同指标值出现的可能性的大小可以构成一个概率分布,这个分布是这个总体的统计规律性。这样一来,我们就把总体与一个随机变量 X 等同起来,这个随机变量 X 的取值就是总体中一切可能的指标值,这个随机变量 X 的取值的统计规律性就是总体的分布。

例如,对于显像管,我们主要关心的是它的寿命值,这种寿命值的全体组成总体,不同寿命值出现的可能性的大小可以构成一个寿命分布,它一般是指数分布。因此,这个总体就可以看作服从指数分布的随机变量 X,总体中的观测值是指数分布随机变量 X 的值。

又如,为了研究某厂所生产的一批晶体管的不合格品率,我们关心的是晶体管是否是不合格品。如果我们规定:合格的晶体管对应"0",不合格的晶体管对应"1",那么总体就由一些"0"与"1"组成。假如把总体"1"所占的比例记为 p,那么这个总体就可看作一个服从参数为 p 的 0-1 分布的随机变量 X,总体中的观测值是 0-1 分布随机变量 X 的值。

根据总体所包含的个体多少,可以把总体分为有限总体和无限总体。例如,某工厂 11 月份生产的显像管的寿命值是有限总体;这个工厂生产的所有显像管的寿命值,由于可能观测值的个数很多,就可以认为是无限总体。

2. 样本

如前所述,总体 X 的分布一般是未知的,必须对其中的个体进行观测统计。通常的做法是按照一定的规则从总体中抽取 n 个个体进行观测,然后根据这 n 个个体的性质来推断总体的性质,这是实际中常用的方法。我们把被抽取的 n 个个体的集合叫作总体的一个**样本**，n 叫作该样本的**容量**。我们先来介绍如何获得一个样本。

根据抽取原则的不同，抽样方法有概率抽样和非概率抽样两种。下面主要介绍概率抽样。

概率抽样也叫随机抽样，是指按照随机原则抽取样本。所谓随机原则就是排除主观意愿的干扰，使总体的每个单位都有一定的概率被抽选为样本单位，每个总体单位能否入样都是随机的。概率抽样最基本的组织方式有简单随机抽样、分层抽样、等距抽样和整群抽样。

(1) 简单随机抽样

从总体中抽取样本时，为了使抽取的结果具有充分的代表性，要求抽取方法要统一，即应使总体中每个个体被抽到的机会都是均等的，通常情况下，还要求每次抽取都是独立的，即每次抽样结果都不影响各次抽样结果，也不受其他各次抽样结果的影响。这种抽取方法叫作简单随机抽样，由简单随机抽样得到的样本叫作简单随机样本。

(2) 分层抽样

在抽样之前将总体划分为互不交叉重叠的若干层，然后从各个层中独立地抽取一定数量的单元作为样本，这种抽样叫作分层抽样，分层抽样也叫分类抽样。例如，调查对象为人时可按性别、年龄等分层，电视收视率的调查可以划分为城市和乡村等。分层抽样可以有效减小误差。

分层抽样可以按各层的总体单元数等比例抽样，也可以采用不等比例抽样。等比例抽样是指各层样本单元与总体单元之比相等，即 $\frac{n_i}{N_i} = \frac{n}{N}$，其中，$n = \sum n_i, N = \sum N_i$，$n_i$ 为第 i 层的样本单元数，N_i 为第 i 层总体单元数，$\frac{n}{N}$ 称作抽样比。

(3) 等距抽样

将总体中的所有单位(抽样单位)按一定顺序排列，在规定的范围内随机地抽取一个单位作为初始单位，然后按事先规定好的规则抽取其他样本单位，这种抽样方法称为等距抽样，也叫系统抽样。典型的系统抽样是先从数字 $1 \sim k$ 中随机抽取一个数字 r 作为初始单位，以后依次取 $r+k, r+2k, \cdots$。

(4) 整群抽样

将总体中若干个单位合并为组，这样的组称为群。抽样时直接抽取群，然后对该群中的所有单位全部实施调查，这样的抽样方法称为整群抽样。

整群抽样时，群的大小可以是相等的。例如，苹果每 30 千克为 1 箱，抽样时抽取若干箱作为样本。但在很多情况下，自然群的大小是不等的。例如，调查对象是人时，可以居民户为群，也可以居民小组或居委会为群，这些群的大小往往是不相等的。不过，整群抽样的误差相对要大一些。

如无特别说明，本书中的抽样一般指的是简单随机抽样，样本一般指的是简单随机样本。在简单随机抽样中，所谓从总体抽取一个个体，就是对总体 X 进行一次观察并记录其结果。在个体抽出后，还未观察前，它可能取一个值，也可能取另一个值，故可把抽取的个体看作一个随机变量，抽取 n 个个体就得到 n 个随机变量，按次序记为 $X_1, X_2, \cdots, X_n$，把这 n 个随机变量看作一个整体，则样本可看作 n 维随机变量，也可记为 $(X_1, X_2, \cdots, X_n)$。在一次抽样以后，$(X_1, X_2, \cdots, X_n)$ 就有了一组确定的值，相应地记为 $(x_1, x_2, \cdots, x_n)$，称为样本观测值，这就是我们常说的统计数据。从简单随机样本的定义可以知道，来自总体的一个样本 $(X_1, X_2, \cdots, X_n)$ 就是一组相互独立且与总体 X 具有相同分布的随机变量。这里的相互独立指的是 $X_1, X_2, \cdots, X_n$ 各自的取值互不影响、互不干扰。

综上所述，我们给出以下定义。

定义 8.1 设 X 是具有分布函数 $F(x)$ 的随机变量，若 $X_1, X_2, \cdots, X_n$ 是具有同一分布函数 $F(x)$ 的、相互独立的随机变量，则称 $X_1, X_2, \cdots, X_n$ 为从分布函数 $F(x)$ 或总体 X 得到的容量为 n 的**简单随机样本**，简称**样本**，它们的观测值 $x_1, x_2, \cdots, x_n$ 称为**样本观测值**，又称 X 的 n 个独立的观测值。

3. 统计量

样本是总体的代表和反映，是我们对总体进行推断的基础和出发点，但是样本中含有随机因素，而且关于总体分布的信息包含在样本的各个分量之中，所以一般不能直接利用样本进行推断，而需要对它进行"加工"和"提炼"。这里需要达到的目标是：尽可能减少随机干扰，集中有用信息。常用的方法是针对所关心的问题构造出合适的样本的某种函数，在统计学中，称样本的这种函数为统计量。

定义 8.2 设 $X_1, X_2, \cdots, X_n$ 是来自总体 X 的一个样本，$g(X_1, X_2, \cdots, X_n)$ 是 $X_1, X_2, \cdots, X_n$ 的函数，若 g 中不含未知参数，则称 $g(X_1, X_2, \cdots, X_n)$ 是一个**统计量**。

$X_1, X_2, \cdots, X_n$ 都是随机变量，而统计量 $g(X_1, X_2, \cdots, X_n)$ 是随机变量的函数，因此统计量是一个随机变量。设 $x_1, x_2, \cdots, x_n$ 分别对应于样本 $X_1, X_2, \cdots, X_n$ 的样本值，则称 $g(x_1, x_2, \cdots, x_n)$ 是 $g(X_1, X_2, \cdots, X_n)$ 的观测值。

例 8.1 设 (X_1, X_2) 是从总体 $N(\mu, \sigma^2)$ 中抽取的一个二维样本，其中，σ 为未知参数，则 $\dfrac{X_1}{\sigma}$、$\dfrac{1}{2}(X_1 + X_2) - \sigma$ 不是统计量，而 $X_1 - X_2$、$X_1^2 + X_2^2 - 3$、$X_1 + 2\mu X_2$ 都是统计量。

8.2 R 的初步使用

统计学是一门既有趣又有用的学科,但复杂的计算问题使该学科的应用受到极大限制,很多人也由于计算问题对该学科望而却步。然而,计算机和互联网不断普及,尤其是统计软件的使用,促进了该学科的发展,也使得该学科的教学发生了革命性变化。统计软件的使用可以让我们把那些繁杂但简单的计算交给计算机"秒杀",让我们感到概率统计的学习与应用并不困难。实现统计分析的软件有多种,免费统计软件 R 为多数人学习统计学提供了良好的条件。

8.2.1 R 简介

国人习惯于把能编程的东西称为语言,R 最大的特色是 R 语言,但从应用的角度来说 R 是一个软件,因此 R 既是语言,又是软件,但本书侧重于把 R 看成软件。

R 是一套完整的数据处理、计算和制图软件系统,其包括数据存储和处理系统、数组运算工具、完整连贯的统计分析工具、优秀的统计制图功能。R 是一种简便而强大的编程语言,可操纵数据的输入和输出,可实现分支、循环,用户可自定义功能。

R 是一种数学计算环境,它提供了有弹性的、互动的环境来分析和处理数据;它提供了若干统计程序包,以及一些集成的统计工具和各种数学计算、统计计算的函数。用户只需根据统计模型指定相应的数据库及相关的参数,便可灵活机动地进行数据分析等工作,甚至创造出符合需要的新的统计计算方法。使用 R 可以简化数据分析过程,从数据的存取到计算结果的分享,R 提供了更加方便的计算工具,可帮助用户更好地决策。通过 R 的许多内嵌统计函数,用户可以很容易地学习和掌握 R 语言的语法,也可以编制自己的函数来扩展现有的 R 语言,完成科研工作。

8.2.2 R 的下载与安装

R 是完全免费的,在网站 http://cran.r-project.org/bin/windows/base/ 上可下载 R 的 Windows 版本。

R 可以在 Windows 2000、Windows XP 和 Windows 2003 及以上版本操作系统上运行。R 的安装非常容易,运行所下载的安装程序,按照 Windows 的提示操作即可。当开始安装后,选择安装提示的语言,接受安装协议,选择安装目录,并选择安装组件。在安装组件中,最好将 PDF Reference Manual 项选上,这样在 R 的帮助文件中会有较详细的 PDF 格式的软件说明。

按照 Windows 的各项提示操作,就可以成功安装 R。安装完成后,系统会创建 R

程序组并在桌面上创建 R 主程序的快捷方式。R 的界面与 Windows 版本的其他编程软件类似，由一些菜单和快捷按钮组成。启动 R 后，用户可以看到以下文字：

```
R version 3.2.4 (2016-03-10) -- "Very Secure Dishes"
Copyright (C) 2016 The R Foundation for Statistical Computing
Platform: i386-w64-mingw32/i386 (32-bit)
```

R 是自由软件，不带任何担保。在某些条件下可以将其自由散布。可以用'license()'或'licence()'来查看散布的详细条件。

R 是个合作计划，有许多人为之做出了贡献。可以用'contributors()'来查看合作者的详细情况。

'citation()'会告诉你如何在出版物中正确地引用 R 或 R 程序包。

可以用'demo()'来查看一些示范程序，可以用'help()'来阅读在线帮助文件，或用'help.start()'通过 HTML 浏览器来查看帮助文件。

可以用'q()'退出 R。

在 R 窗口中出现 ">" 符号时，表示 R 等待用户在这里输入指令。

8.2.3　R 在线说明

R 的使用说明只提供个别功能的用法和定义，并不提供整体的功能指南。但是 R 中的每个函数都有相应的帮助说明，使用中遇到疑问时，可以随时查看帮助文件。比如，要想找出绝对值函数的应用方法，只需输入 help(abs) 或者使用 help 的简写形式，在函数名前加符号 "?"：

```
? abs
```

R 就会输出 abs() 函数的具体说明，包括函数中的参数设定、结果结构、使用例子等内容。当对一个函数不太清楚时，可以得到很大的帮助。

8.2.4　赋值

R 运行的是一个对象，在运行前需要给对象赋值，用户可以用 "=" 或 "<-" 将数值赋给一个对象。在旧版本中只可使用 "<-"，至于使用哪个符号则视用户喜好而定。比如，给对象 x 赋值 10，指令为 "x<-10" 或者 "x=10"。

在统计学里，多数数据都是以一组数字来表达的。在 R 中，用户能以向量形式输入一组数字。比如，要将 10 个标准正态分布的随机数 0.2701896、0.6129518、−1.5544976、0.5026596、−0.2026224、1.0242408、0.4219349、0.4157685、0.5531629、1.3183844 赋值给 x，命令如下：

```
x<-c(0.2701896, 0.6129518, -1.5544976, 0.5026596, -0.2026224,
1.0242408, 0.4219349, 0.4157685, 0.5531629, 1.3183844)
```

在这里 x 是一个包含了 10 个数值的向量，而 c() 为向量建立函数。

当 x 有数值时，就可以使用它来运算。四则运算的次序与数学中的运算法则相同，乘号、除号及指数符号分别以 *、/ 及 ^ 来表示。

8.2.5 矩阵、列表与数据框

1. 矩阵

矩阵和向量有点相似，但它是二维的。输入矩阵如同输入向量，只需加上它的二维数据。函数 matrix() 是构造矩阵（二维数组）的函数，其一般格式如下：

```
matrix(data=NA,nrow=1,ncol=1,byrow=FALSE,dimnames=NULL)
```

其中，data 是一个向量数据；nrow 是矩阵的行数；ncol 是矩阵的列数；当 byrow=TRUE 时，生成矩阵的数据按行放置，默认值为 byrow=FALSE，数据按列放置；dimnames 是数组维的名字，默认值为空。构造一个 2×4 阶矩阵：

```
> x<-c(11,10,8,7,5,13,9,2)
> A<-matrix(x,nrow=2,ncol=4,byrow=TRUE)
> A
     [,1] [,2] [,3] [,4]
[1,]   11   10    8    7
[2,]    5   13    9    2
```

下面两种格式与上面的格式是等价的：

```
> A<-matrix(x,nrow=2,byrow=TRUE)
> A<-matrix(x,ncol=4,byrow=TRUE)
```

如果将语句中的 byrow=TRUE 去掉，则数据按列放置。

2. 列表

列表比向量更有用，因为它能存储多种类型的数据。若将向量视为一组标量的排列，那么列表可视为一组不同形态对象的排列。

构造列表的一般格式如下：

```
List(name_1=object_1,…, name_m=object_m)
```

比如：

```
>lb<-list(x=3,y=c("a","b",1),matrix(1:6,ncol=2,byrow=TRUE))
> lb
```

```
$x
[1] 3
$y
[1] "a" "b" "1"
[[3]]
     [,1] [,2]
[1,]   1    2
[2,]   3    4
[3,]   5    6
```

3．数据框

数据框(data.frame)是 R 的一种数据结构。它通常是矩阵形式的数据，但矩阵各列可以是不同类型的数据。数据框可以是多维的，一列是一个变量，一行是一个观测，有行和列可被命名等性质。数据框变量必须有相同的长度(行数)。在数据框内，和数值向量一样，空白输入以 NA 来表示。

数据框可以用函数 data.frame()生成，其用法与函数 list()相同，只是自变量变成数据框的成分。例如：

```
>sjk<-data.frame(x1=c(1,3,7,9,5,4),tt=c("a","b","c","d","e","f"),
yy=c(24,11,19,37,90,85),age=c(36,38,29,43,44,62))
> sjk
  x1 tt yy age
1  1  a 24  36
2  3  b 11  38
3  7  c 19  29
4  9  d 37  43
5  5  e 90  44
6  4  f 85  62
```

8.2.6 图形参数

R 有着优秀的统计制图功能，能让复杂的数据可视化。R 制图可由制图函数完成，也可以通过修改图形参数的选项来自定义一幅图形的多个特征，可通过函数 par()来指定这些选项，从而实现对图形的多种控制。例如，par(mfrow=c(m,n))表示将绘图区域分割成 m 行、n 列的矩阵，并按行填充各图，从而在一个绘图区域中绘制多个图；par(mfcol=c(m,n))也有类似的功能，只不过它是按列填充各图的。下面介绍部分图形参数。

1. 用于指定符号和线条类型的参数(如表 8-1 所示)

表 8-1　用于指定符号和线条类型的参数

参　　数	功　　能
pch	指定绘制点时使用的符号(如图 8-1 所示)
cex	指定符号的大小。cex 是一个数值,表示绘图符号相对于默认大小的缩放倍数。默认大小为 1
lty	指定线条类型(如图 8-1 所示)
lwd	指定线条宽度。lwd 是以默认值的相对大小来表示的,默认大小也为 1(如图 8-1 所示)

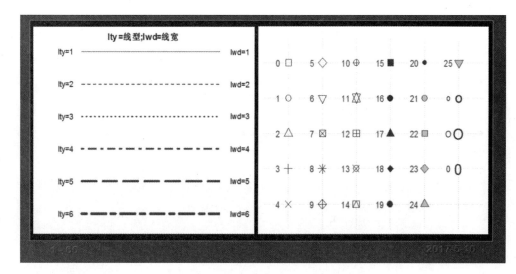

图 8-1　R 绘图的线型、线宽及符号

2. type

如表 8-2 所示,利用参数 type 可以生成不同类型的折线图。

表 8-2　参数 type 的可选值及其功能

参数 type 的可选值	功　　能
p	只有点
l	只有线
o	实心点和线(线覆盖在点上)
b、c	线连接点(为 c 时不绘制点)
s、S	阶梯线
h	直方图式的垂直线
n	不生成任何点和线

8.3 R 在常见分布概率计算中的应用

数据的数字特征是数据的主要特征，而要对数据的总体情况进行全面的描述，就要研究数据的分布。在本书中分别给出了离散型随机变量的 0-1 分布、二项分布、泊松分布、超几何分布，连续型随机变量的均匀分布、正态分布、指数分布及第 11 章中的三大统计分布——χ^2 分布、t 分布、F 分布。表 8-3 给出了常见分布在 R 中的名称和调用函数用到的参数。

表 8-3 常见分布在 R 中的名称和调用函数用到的参数

分 布	在 R 中的名称	参 数
二项分布 Binomial	binom	size,prob
泊松分布 Poisson	pois	lambda
超几何分布 hypergeometric	hyper	m,n,k
均匀分布 Uniform	unif	min,max
正态分布 Normal	norm	mean,sd
指数分布 Exponential	exp	rate
χ^2 分布 Chi-square	chisq	df,ncp
t 分布 Student's	t	df,ncp
F 分布	f	df1,df2,ncp

8.3.1 常见分布的计算

前面介绍的常见分布经常涉及以下四个项目。

(1) 概率密度函数 $f(x)$ 或分布律 p_k (Probability Density Function，PDF)。

(2) 分布函数 $F(x)$ (Cumulative Distribution Function，CDF)。

(3) 分位数 (Quantile)，分布函数的反函数 $F^{-1}(p)$，即给定概率 p 后，求其下分位点。

(4) 伪随机数 (Pseudo Random Number)，即仿真，产生相同分布的随机数。

在表 8-3 所列的分布中，加上前缀 d、p、q、r 分别表示这四个项目。比如，正态分布函数 dnorm()、pnorm()、qnorm()、rnorm() 的使用方法分别如下：

(1) dnorm(x,mean=μ,sd=σ) 表示 $\dfrac{1}{\sqrt{2\pi}\sigma}e^{\frac{(x-\mu)^2}{2\sigma^2}}$。

(2) pnorm(x,mean=μ,sd=σ) 表示 $\dfrac{1}{\sqrt{2\pi}\sigma}\int_{-\infty}^{x} e^{\frac{(x-\mu)^2}{2\sigma^2}}$。其中，$x$ 是由数值型变量构成的向量。

(3) qnorm(p, mean=μ, sd=σ)。其中，p 是由概率构成的向量，其返回值是给定 p 后的下分位点，若 $\Phi(x)=0.9$，则 x=qnorm(0.9, mean=0, sd=1)=1.282。

(4) rnorm(n, mean=μ, sd=σ)。其中，n 是产生随机数的个数，其返回值是由 n 个正态分布随机数构成的向量。

再看一个离散型随机变量的例子，如二项分布 $X \sim b(n,p)$，其使用方法如下：

(1) dbinom(x, size=n, prob=p) 表示 $C_n^x p^x (1-p)^{n-x}$，其中 x 为整数，其取值为 $0,1,2,\cdots,n$。

例如，$X \sim b(20,0.05)$，$P(X=2)$=dbinom(2, size=20, prob=0.05)=0.189。若 x 不是整数，则 dbinom(x, size=n, prob=p)=0。

(2) pbinom(x, size=n, prob=p) 表示 $\sum_{k=1}^{[x]} C_n^k p^k (1-p)^{n-k}$，用于计算二项分布的累积概率。

例如，$X \sim b(500,0.02)$，$P(X<3) = \sum_{k=0}^{2} C_{500}^k (0.02)^k (0.98)^{500-k}$ = pbinom(2, size=500, prob=0.02) = 0.002591141。

(3) 给定概率 q，qbinom(q, size=n, prob=p) 的返回值是找出 pbinom(k, size=n, prop=p) = $P(X \leq k) = \sum_{x=0}^{k} C_n^k p^k (1-p)^{n-k} \geq q$ 的最小整数 k。例如，$X \sim b(500,0.02)$，qbinom(0.002591140, size=500, prob=0.02)=2。

(4) rbinom(x, size=n, prob=p)。其中，n 是产生随机数的个数，其返回值是由 n 个二项分布随机数构成的向量。

表 8-3 中的其他常见分布也有类似的做法。

8.3.2 绘制常见分布的统计图

利用绘图的方法研究常见分布，是一种直观、有效的方法。下面仍以二项分布、正态分布为例介绍，其他分布可做相应仿效。

1. 二项分布 Binomial(size=20, prob=0.25) 图（如图 8-2 所示）

```
>plot(0:20,dbinom(0:20,size=20,prob=0.25),type="h",xlab="x",ylab="p",main="Binomal(20,0.25)分布"))
```

其中，type="h"表示绘出点到 x 轴的竖线，xlab="x"及 ylab="p"分别是对 x、y 轴的说明。

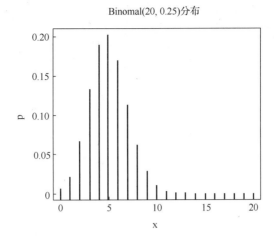

图 8-2　二项分布 Binomial(size=20,prob=0.25)图

由图 8-2 可以看出，当 $x=5$ 时，dbinom(x,size=20,prob=0.25)取得最大值；当 $x<5$ 时，dbinom(x,size=20,prob=0.25)随着 x 的增大而增大；当 $x>5$ 时，dbinom(x,size=20, prob=0.25)随着 x 的增大而减小。

2．正态分布 $N(9，14)$（如图 8-3 所示）

(1)概率密度函数曲线

```
> par(cex=0.7)
> curve(dnorm(x,9,14),from=-50,to=59,ylab="f(x)",lty=1,main="N(9,14)分布")
> abline(v=9)
```

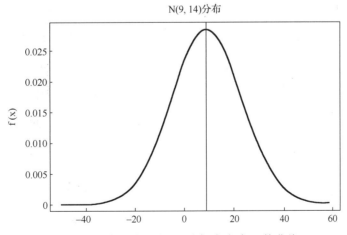

图 8-3　正态分布 $N(9，14)$概率密度函数曲线

(2)分布函数曲线

```
>par(cex=0.7)
>curve(pnorm(x,9,14),from=-50,to=59,ylab="F(x)",lty=1,main="N(9,14)分布")
```

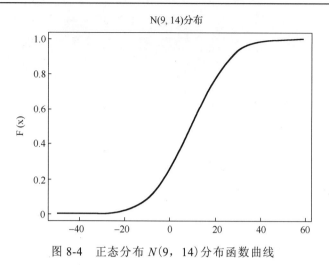

图 8-4 正态分布 $N(9,14)$ 分布函数曲线

在以上绘图命令中的参数可见在线说明或帮助文件。

思考与练习

1． "统计" 一词有哪几种含义？
2． 解释统计学和推断统计学。
3． 简述变量与数据的关系，并说明数据的类型。
4． 解释总体、个体及样本，并说明它们之间的关系。
5． 简述概率抽样最基本的组织方式。
6． 在 R 中，如何给对象赋值？
7． 在 R 中，如何构造矩阵、列表及数据框？
8． 根据经验，在人的身高相等的情况下，血压的收缩压 Y 与体重 X_1（单位：kg）、年龄 X_2 有关。现收集了 13 个男子的数据，如表 8-4 所示。

表 8-4 13 个男子的数据

序　号	X_1	X_2	Y
1	76.0	50	120
2	91.5	20	141
3	85.5	20	124
4	82.5	30	126
5	79.0	30	117
6	80.5	50	125
7	74.5	60	123

续表

序号	X_1	X_2	Y
8	79.0	50	125
9	85.0	40	132
10	76.5	55	123
11	82.0	40	132
12	95.0	40	155
13	92.5	20	147

(1) 在 R 中,以矩阵的形式输入上述数据。

(2) 在 R 中,以列表的形式输入上述数据。

(3) 在 R 中,以数据框的形式输入上述数据。

第 9 章　数据的整理与可视化

9.1　数据的来源与预处理

9.1.1　数据的来源

从使用者的角度来看，统计数据主要有两个来源：一是间接来源，主要取得二手数据；二是直接来源，主要通过统计调查方法取得第一手数据。前面介绍的抽样调查是统计调查的最主要的方式。统计调查方式还有普查、重点调查、典型调查、统计报表等。收集统计数据需要确定一个完善的调查方法，以保证数据的真实可靠。一份完整的调查方案包括调查目的、调查对象和调查单位、调查项目和调查表、调查时间、调查的组织实施计划等。调查目的应说明调查所要达到的具体目标；调查对象和调查单位确定要向谁调查；调查项目和调查表说明的是调查的具体内容；调查时间包括调查资料所属的时间和调查工作的起止时间；调查的组织实施计划包括确定调查的组织机构、确定调查人员、明确调查的方式和进行调查的地点、制定调查的准备措施等方面的内容。统计调查方式及调查方案的详细内容可参考"统计学"的有关教材。

9.1.2　数据的预处理

数据的预处理是数据整理之前的步骤，是在对数据分类或分组之前所做的必要处理，内容包括数据的审核、筛选、排序等。

1. 数据的审核

在对统计数据进行整理前，首先需要进行审核，以保证数据的质量，为整理和分析打下基础。从不同渠道取得的统计数据，在审核的内容和方法上有所不同。对于通过直接调查取得的原始数据，应主要从完整性和正确性两个方面去审核。完整性审核主要检查应调查的单位或个体是否有遗漏，所有的调查项目或指标是否填写齐全等。准确性审核主要包括两个方面：一是检查数据资料是否真实地反映了客观实际情况；二是检查数据是否有错误、计算是否正确等。

对于通过其他渠道取得的二手数据，除了对其完整性与准确性进行审核外，还应着重审核数据的实用性和实效性。

2．数据的筛选

对审核过程中发现的错误应尽可能予以纠正。在调查结束后，当对数据中发现的错误不能予以纠正，或者有些数据不符合调查的要求而又无法弥补时，就需要对数据进行筛选。

数据筛选包括两方面内容：一是将某些不符合要求的数据或有明显错误的数据剔除；二是将符合特定条件的数据筛选出来，而将不符合特定条件的数据剔除。

3．数据的排序

数据的排序是按一定顺序将数据排列，以便于研究者通过浏览数据发现一些明显的特征趋势或解决问题的线索。除此之外，排序还有助于对数据检查纠错，以及为重新归类分组等提供依据。

排序可借助 R 完成。对于数字型数据，排序只有两种：递增和递减。

设一组数据为 $x_1, x_2, \cdots, x_n$，按从小到大的顺序排列为 $x_{(1)} \leqslant x_{(2)} \leqslant \cdots \leqslant x_{(n)}$，也称其为顺序统计量。显然，$x_{(1)}$ 为最小顺序统计量，$x_{(n)}$ 为最大顺序统计量。对于字母型数据，排序也有升序降序之分，但习惯上升序用得更多，因为升序与字母的自然排列顺序相同。汉字型数据的排序方式最多，按拼音方式排序时与字母型数据的排序完全一样，而按笔画排序时则按笔画的多少排序。

下面举个例子来说明如何用 R 来实现抽样、排序、筛选等数据的预处理。

例 9.1 表 9-1 列出了泉州师范学院 16 级金融工程专业 15 个同学"统计学 II"的期末考试成绩。

表 9-1 15 个同学"统计学 II"的期末考试成绩

姓名	分数	姓名	分数
陈玲丽	60	蒋泽莉	65
谭欣雪	70	邝小平	91
杨鑫炎	29	刘金玲	64
张策	72	刘泽荣	70
曾庆权	79	宋菁菁	67
崔爱玲	80	王海丹	65
黄菁菁	62	王译姝	60
黄镇	46		

（1）分别采用有放回抽样和无放回抽样两种方式各随机抽取 8 个同学的分数作为样本。

（2）按分数分别进行升序和降序排序。

（3）分别筛选出成绩在 70 分以上和 65 分以下的同学。

解 先建立数据框：

```
li1<-data.frame(姓名=c("陈玲丽","谭欣雪","杨鑫炎","张策","曾庆权","崔爱玲","黄菁菁","黄镇","蒋泽莉","邝小平","刘金玲","刘泽荣","宋菁菁","王海丹","王译殊"),分数=c(60,70,29,72,79,80,62,46,65,91,64,70,67,65,60))
```

有放回抽取 8 个同学的分数作为样本：

```
> sample(li1$姓名,8,replace=T)
[1] 刘泽荣 杨鑫炎 宋菁菁 王译殊 刘泽荣 黄菁菁 刘金玲 谭欣雪
Levels: 曾庆权 陈玲丽 崔爱玲 黄菁菁 黄镇 蒋泽莉 邝小平 刘金玲 刘泽荣 宋菁菁 谭欣雪 王海丹 王译殊 杨鑫炎 张策;
```

无放回抽取 8 个同学的分数作为样本：

```
> sample(li1$姓名,8,replace=FALSE)
[1] 曾庆权 刘泽荣 王海丹 邝小平 张策 黄菁菁 黄镇 宋菁菁
Levels: 曾庆权 陈玲丽 崔爱玲 黄菁菁 黄镇 蒋泽莉 邝小平 刘金玲 刘泽荣 宋菁菁 谭欣雪 王海丹 王译殊 杨鑫炎 张策
```

把成绩按升序排序：

```
sort(li1$分数,decreasing=FALSE)
[1] 29 46 60 60 62 64 65 65 67 70 70 72 79 80 91
```

把成绩按降序排序：

```
sort(li1$分数,decreasing=T)
[1] 91 80 79 72 70 70 67 65 65 64 62 60 60 46 29
```

筛选出成绩在 70 分以上的同学：

```
li1$姓名[li1$分数>70]
[1] 张策 曾庆权 崔爱玲 邝小平
Levels: 曾庆权 陈玲丽 崔爱玲 黄菁菁 黄镇 蒋泽莉 邝小平 刘金玲 刘泽荣 宋菁菁 谭欣雪 王海丹 王译殊 杨鑫炎 张策
```

筛选出成绩在 65 分以下的同学：

```
li1$姓名[li1$分数<65]
[1] 陈玲丽 杨鑫炎 黄菁菁 黄镇 刘金玲 王译殊
Levels: 曾庆权 陈玲丽 崔爱玲 黄菁菁 黄镇 蒋泽莉 邝小平 刘金玲 刘泽荣 宋菁菁 谭欣雪 王海丹 王译殊 杨鑫炎 张策
```

9.2 数据的可视化

数据经过预处理后，可以进一步进行分类或分组整理。统计分类或分组是数据整理的一项重要工作,它是根据统计研究的需要,将数据按照某种特征或标准分成不同的类别或组别。在对数据进行整理时,首先要弄清我们所面对的是什么类型的数据,因为对不同类型的数据所采取的处理方式和所适用的处理方法是不同的。对定性数据(包括分类数据和顺序数据)主要做分类整理,对定量数据(数值型数据)主要做分组整理。本节主要介绍在 R 中用统计图表来概括数据的某些特征,以对数据进行探索性分析。

9.2.1 定性数据的整理与图示

定性数据本身就是对事物的一种分类,因此,在整理时除了列出所分的类别,还要计算出每一类别的频数、频率或比例,同时选择适当的图形进行显示,以便对数据及其特征有一个初步的了解。

1. 频数分布

频数也叫次数,是落在各类别中的数据个数。我们把各个类别及其相应的频数全部列出来就是频数分布,或称次数分布。将频数分布用表格的形式表现出来就是频数分布表。

(1) 单变量数据分析

频数分布表可以描述一个分类变量的数值分布情况。R 中的 table 命令可以生成频数分布表,它的使用很简单,如果 x 定性数据,则只要用 table(x) 就可以生成频数分布表。

例 9.2 向 25 个被访者调查"在可口可乐、苹果汁、橘子汁、百事可乐、杏仁露等 5 种饮料中,您最喜欢喝的是哪种?"得到的结果如下:

橘子汁,苹果汁,可口可乐,苹果汁,可口可乐,百事可乐,可口可乐,苹果汁,可口可乐,可口可乐,可口可乐,苹果汁,杏仁露,橘子汁,可口可乐,百事可乐,苹果汁,橘子汁,杏仁露,百事可乐,杏仁露,橘子汁,可口可乐,杏仁露,百事可乐

首先我们用函数 c( ) 输入数据,然后用 table 命令生成频数表,命令如下:

```
> y<-c("橘子汁","苹果汁","可口可乐","苹果汁","可口可乐","百事可乐","可口可乐","苹果汁",+ "可口可乐","可口可乐","可口可乐","苹果汁","杏仁露","橘子汁","可口可乐","百事可乐",+ "苹果汁","橘子汁","杏仁露","百事可乐","杏仁露","橘子汁","可口可乐","杏仁露","百事可乐")
> table(y)
y
百事可乐  橘子汁  可口可乐  苹果汁  杏仁露
    4        4        8        5        4
```

结果就是变量 y 的频数分布表,表示在接受调查的 25 个人中,最喜欢喝百事可乐、橘子汁、可口可乐、苹果汁、杏仁露的人数分别为 4、4、8、5、4。

(2)双变量数据分析

涉及两个类别变量时,通常将一个变量的各类别放在"行"位置,将另一个变量的各类别放在"列"的位置(行和列可以互换),由两个类别变量交叉分类形成的频数分布表称为列联表,也称交叉表。R 的函数 table( )可以把双变量分类数据整理成列联表,table 命令处理双变量数据类似处理单变量数据,只是参数(变量)由原来的一个变成了两个。

例 9.3 为了了解消费者对不同行业的满意度,随机调查了 30 个消费者,得到的有关数据如表 9-2 所示。

表 9-2 消费者对不同行业的满意度

行 业	满 意 度	行 业	满 意 度	行 业	满 意 度
金融业	满意	旅游业	不满意	航空业	不满意
航空业	满意	旅游业	满意	金融业	满意
电信业	不满意	金融业	不满意	旅游业	不满意
金融业	满意	旅游业	不满意	电信业	不满意
航空业	不满意	电信业	不满意	电信业	满意
电信业	满意	旅游业	不满意	金融业	满意
金融业	不满意	电信业	不满意	旅游业	不满意
金融业	满意	旅游业	满意	电信业	不满意
旅游业	不满意	旅游业	不满意	旅游业	满意
金融业	不满意	旅游业	满意	金融业	不满意

```
> x<-c("金融业","航空业","电信业","金融业","航空业","电信业","金融业","金融业","旅游业","金融业","旅游业","旅游业","金融业","旅游业","电信业","旅游业","电信业","旅游业","旅游业","旅游业","航空业","金融业","旅游业","电信业","电信业","金融业","旅游业","电信业","旅游业","金融业")
> length(x)
[1] 30
> y<-c("满意","满意","不满意","满意","不满意","满意","不满意","满意","不满意","不满意","不满意","不满意","满意","不满意","不满意","不满意","不满意","不满意","不满意",+"满意","不满意","满意","不满意","满意","不满意","不满意","满意","满意","不满意","不满意","满意","不满意")
> length(y)
[1] 30
> table(x,y)
         y
x         不满意 满意
  电信业       5    2
  航空业       2    1
  金融业       4    5
  旅游业       7    4
```

这就是行业与满意度的二维列联表,行表示行业的四个类型,列表示是否满意。

如下指令可以为列联表增加边际和,并将列联表转化成百分比表:

```
> li3<-table(x,y)
> addmargins(li3)
       y
x        不满意 满意 Sum
  电信业      5    2   7
  航空业      2    1   3
  金融业      4    5   9
  旅游业      7    4  11
  Sum       18   12  30
> addmargins(prop.table(li3))*100
       y
x            不满意      满意        Sum
  电信业  16.666667   6.666667   23.333333
  航空业   6.666667   3.333333   10.000000
  金融业  13.333333  16.666667   30.000000
  旅游业  23.333333  13.333333   36.666667
  Sum    60.000000  40.000000  100.000000
```

2. 定性数据的图示

如果用图形来展示频数分布,就会更加形象和直观。一张好的统计图,往往胜过冗长的文字表述。下面分别介绍反映定性数据特点的条形图与饼图。

(1)条形图

条形图是用宽度相同的条形来表示各类别频数多少的图形,它的高度可以是频数或频率,图的形状看起来一样,但是刻度不一样。R中画条形图的命令是 barplot( )。对定性数据制作条形图,需先对原始数据分组。

① 单变量数据分析。

在例 9.2 中,已用频数分布表描述了被访者最喜欢喝的饮料的分布,下面用简单条形图来表示:

```
> a<-table(y)
> barplot(a,xlab="饮料",ylab="频数",col=1:5,main="垂直条形图")
```

得到如 9-1 所示的简单条形图。

简单条形图是用一个坐标轴表示各类别,用另一个坐标轴表示类别频数而绘制的条形图。

② 双变量数据分析。

当有两个类别的变量时,可以将二维列联表数据绘制成复式条形图。

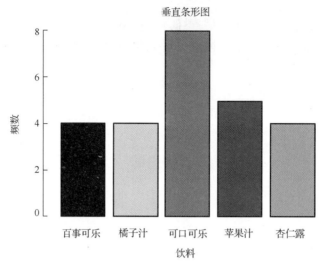

图 9-1　被访者最喜欢喝的饮料的分布条形图

根据绘制方式不同，复式条形图有分段式条形图和并列式条形图，以例 9.3 的数据为例，绘制复式条形图的 R 代码如下：

```
> par(mfrow=c(1,2))
> barplot(li3,xlab="满意度",
    ylab="行业",ylim=c(0,20),col=c("green","blue","gray","red"),
legend.text=c ("电信业","航空业","金融业","旅游业"),main="(a)分段式条形图")
> barplot(li3,xlab="满意度",
    ylab="行业",ylim=c(0,10),col=c("green","blue","gray","red"),
beside=T, legend.text=c("电信业","航空业","金融业","旅游业"),main="(b)并列式条形图")
```

可得到如图 9-2 所示的复式条形图。

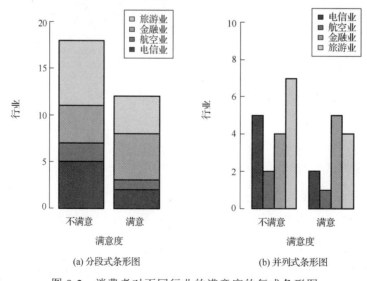

图 9-2　消费者对不同行业的满意度的复式条形图

(2) 饼图

对于定性数据，还可以用饼图来描述。饼图用于表示各种类别某种特征的构成比情况，它以图形的总面积为 100%，以扇形面积的大小表示事物内部各组成部分所占的百分比。在 R 中制作饼图也很简单，只要使用命令 pie( ) 就可以了。值得注意的是，与条形图一样，对原始数据制作饼图前要先分组。仍然利用例 9.2 中被访者最喜欢喝的饮料的数据，绘制饼图的 R 代码如下：

```
>a<-table(y)
> names(a)=c("百事可乐","橘子汁","可口可乐","苹果汁","杏仁露")
> par(pin=c(3,3),mai=c(0.1,0.4,0.1,0.4),cex=0.8)
> pie(a,col=1:5,init.angle=90)
```

得到如图 9-3 所示的饼图。

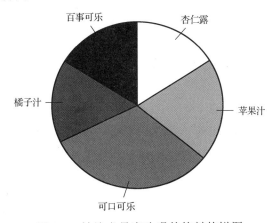

图 9-3 被访者最喜欢喝的饮料的饼图

代码中的 par(pin=c(3,3),mai=c(0.1,0.4,0.1,0.4),cex=0.8) 表示可生成一幅 3in 宽、3in 高，上下边界均为 0.1in，左右边界均为 0.4in 的图形。

9.2.2 数值型数据的整理与图示

前面介绍的定性数据的整理与图示方法，也适用于数值型数据的整理与图示。但数值型数据还有一些特定的整理与图示方法，它们并不适用于定性数据。

1. 频数分布

生成数值型数据的频数分布表时，需要先将其类别化，即转化为类别数据，然后再生成频数分布表。类别化的方法是根据统计研究的需要，将原始数据按照标准分成不同的组别，分组时一般要确定组数及各组的组距。比如，将一个班学生的考试分数分成 60 分以下、60~70、70~80、80~90、90~100 几个区间，通过分组将数值型数据转化成有序类别数据，类别化后再计算出各组别的数据频数，即可生成频数分布表。

例 9.4 泉州师范学院 16 级金融工程专业 36 个同学"统计学Ⅱ"的期末考试成绩如下：

60,70,29,72,79,80,62,46,65,91,64,70,67,65,60,75,76,81,61,64,74,71,78,77,79,81,68,71,76,45,67,61,77,87,80,50

我们将对这些成绩分组，在 R 中可以用函数 cut( )对数值型数据进行分组，而后用函数 table( )整理成频数分布表的形式。R 代码和结果如下：

```
>score<-c(60,70,29,72,79,80,62,46,65,91,64,70,67,65,60,75,76,81,
61,64,74,71,78,77,79,81,68,71,76,45,67,61,77,87,80,50)
> score1<-cut(score,breaks=c(0,59,69,79,89,max(score)))
> table(score1)
score1
 (0,59] (59,69] (69,79] (79,89] (89,91]
    4      12      14       5       1
```

2. 数值型数据的图示

(1) 单变量数据分析

① 直方图。

直方图是用于展示数据分布的一种常用图形，它用矩形的宽度和高度(面积)来表示频数分布。通过直方图可以观察数据分布的大致形状，如分布是否对称。在 R 中用来制作直方图的函数是 hist( )，也可以用频率制作直方图。在 R 中制作频率直方图很简单，只要把 probability 参数设置为 T 就可以了，默认为 F。以例 9.4 中的数据为例，绘制直方图的 R 代码如下：

```
> par(mfrow=c(1,2),mai=c(0.6,0.6,0.4,0.1),cex=0.7)
> hist(score,xlab="成绩",ylab="频数",main="频数直方图")
> hist(score,xlab="成绩",ylab="频率",prob=TRUE,main="频率直方图")
```

直方图如图 9-4 所示。

② 箱线图。

箱线图由一个箱子和两根须线构成的，可分为垂直型和水平型，下端引线(垂直型)或左端引线(水平型)表示数据的最小值，箱子的下端(垂直型)或左端(水平型)表示下四分位数；箱子中间的线表示中位数；箱子上端(垂直型)或右端(水平型)表示上四分位数；上端引线(垂直型)或右端引线(水平型)表示最大值。其中，上、下四分位数的概念见第 10 章。

箱线图是另一种展示数据分布的图形，可用于反映一组数据分布的特征，如分布是否对称、是否存在离群点。它的功能和直方图并不重叠，直方图侧重于对一个连续变量的分布情况进行详细考察，而箱线图更注重于勾勒统计的主要信息(最小值、下四分位数、中位数、上四分位数和最大值)。在 R 中制作箱线图的函数是 boxplot( ),而且可以设置垂直型和水平型,默认值是垂直型,要想得到水平箱线图,只需要把参数 horizontal 设为 T 就可以了。以例 9.4 中的数据为例,绘制箱线图的 R 代码如下:

```
> par(mfrow=c(1,2),mai=c(0.4,0.2,0.3,0.2),cex=0.8)
> boxplot(score,col="red",main="垂直箱线图")
> boxplot(score,col="green",horizontal=TRUE,main="水平箱线图")
```

箱线图如图 9-5 所示。

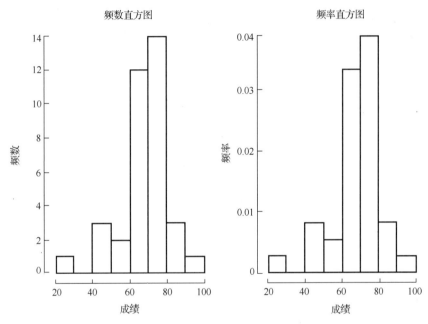

图 9-4 "统计学 II" 成绩的频数、频率直方图

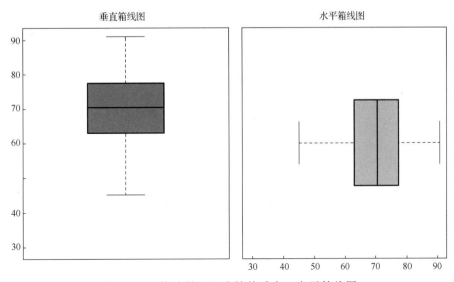

图 9-5 "统计学 II" 成绩的垂直、水平箱线图

③ 茎叶图。

对于未分组的原始数据，我们可以用茎叶图来显示其分布的特征。虽然通过直方图我们可以大体上看出一组数据的分布状况，但直方图没有给出具体的数值，而茎叶图既能给出数据的分布状况，又能给出每一个原始数值。茎叶图由"茎"和"叶"两部分构成，其图形是由数字组成的。通过茎叶图，可以看出数据的分布形状及数据的离散状况，如分布是否对称、数据是否集中、是否有极端值等。

绘制茎叶图的关键是设计好"茎"，通常以该组数据的高维数值作为茎。茎一经确定，"叶"就自然地长在相应的"茎"上了。

用函数 stem( )可制作茎叶图：

```
stem(x,scale=1,width=80,atom=1e-08)
```

其中，x 是数据向量；scale 控制茎叶图的长度；width 是茎叶图的宽度；atom 是容差。

例 9.5　下面列出了 30 个美国 NBA 球员的体重（单位：磅，1 磅=0.454kg）数据，这些数据是从美国 NBA 球队 1990—1991 赛季的花名册中抽样得到的：

225，232，232，245，235，245，270，225，240，240，217，195，225，185，200，220，200，210，271，240，220，230，215，252，225，220，206，185，227，236

试画出这些数据的茎叶图。

R 代码及结果如下：

```
    x<-c(225,232,232,245,235,245,270,225,240,240,217,195,225,185,200
,220,200,210,271,240,220,230,215,252,225,220,206,185,227,236)
    > stem(x)
    The decimal point is 1 digit(s)to the right of the |
    18 | 55
    19 | 5
    20 | 006
    21 | 057
    22 | 00055557
    23 | 02256
    24 | 00055
    25 | 2
    26 |
    27 | 01
```

④ 核密度图。

与直方图配套的是核密度估计函数 density( )，其目的是用已知样本估计其密度，它的格式如下：

```
density(x,bw="nrdo",adjust=1,window=kernel,width,give.Rkern=FALSE,…)
```

其中，x 是由样本构成的向量；bw 是带宽，可选择，当 bw 为默认值时，R 就会画出光滑的曲线；其他参数的意义见帮助文件。

仍以例 9.5 中的数据为例，画出其直方图和相应的核密度图，如图 9-6 所示。R 代码如下：

```
>x<-c(225,232,232,245,235,245,270,225,240,240,217,195,225,185,200,
220,200,210,271,240,220,230,215,252,225,220,206,185,227,236)
> hist(x,freq=FALSE)
> lines(density(x),col="blue")
> y<-180:280
> lines(y,dnorm(y,mean(x),sd(x)),col="red")
```

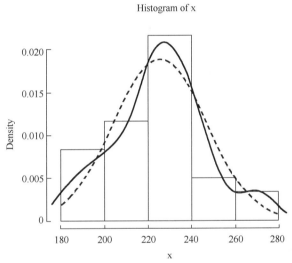

图 9-6 30 个美国 NBA 球员的体重直方图和核密度图

其中，dnorm(y,mean(x),sd(x)) 绘制均值和标准差分别等于数据 x 的均值、标准差的正态分布密度图。从图 9-6 可以看出，核密度图与正态分布密度图(虚线)还是有一定差别的。

(2) 双变量数据分析

① 散点图。

散点图将两个变量的各对观测点画在坐标中，并通过各观测点的分布来展示两个变量间的关系。设两个变量分别为 x 和 y，每对观测值 (x_i,y_i) 在坐标中用一个点表示，n 对观测值在坐标系中形成的点图称为散点图。利用散点图可以观测两个变量间是否有关系、是什么样的关系、关系强度如何，等等。

函数 plot( ) 可绘出数据的散点图，其格式如下：

```
plot(x,y)
```

可生成 y 关于 x 的散点图。

例 9.6 根据经验，在人的身高相等的情况下，血压的收缩压 y 与体重 x(单位：kg) 有关。现收集了 13 个男子的数据，如表 9-3 所示。

表 9-3　13 个男子的收缩压 y 与体重 x

体重 x/kg	76.0	91.5	85.5	82.5	79.0	80.5	74.5	79.0	85.0	76.5	82.0	95.0	92.5
收缩压 y	120	141	124	126	117	125	123	125	132	123	132	155	147

制作 x、y 的散点图。

解　R 代码如下：

```
>x=c(76.0,91.5,85.5,82.5,79.0,80.5,74.5,79.0,85.0,76.5,82.0,95.0,92.5)
>y=c(120,141,124,126,117,125,123,125,132,123,132,155,147)
>plot(x,y)
```

得到如图 9-7 所示散点图。

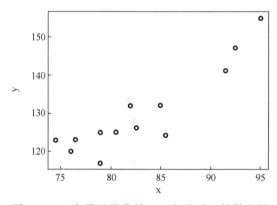

图 9-7　13 个男子的收缩压 y 与体重 x 的散点图

另外，函数 abline() 可以在图上加直线，其使用方法有以下四种格式：

abline(a, b)＞，表示画一条 y=a+bx 直线。

abline(h=y)，表示画一条过所有点的水平直线。

abline(v=x)，表示画一条过所有点的竖直直线。

abline(lm.obj)，表示绘制线性模型得到的线性方程。

例如，例 9.6 中，输入：

```
>abline(lm(y~x))
```

就可得到如图 9-8 所示的收缩压和体重的散点图和线性回归直线图，从图中可以看出 y 与 x 有着较强的线性关系。

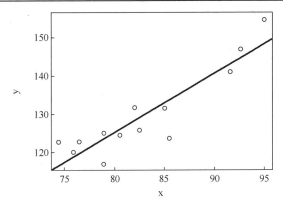

图 9-8 收缩压和体重的散点图和线性回归直线图

思考与练习

1．简述数据的来源。
2．怎样进行数据的审核与筛选？
3．什么是频数分布？
4．哪些图和表可以用来显示定性数据？它们分别反映了定性数据的哪些特征？
5．试比较直方图和箱线图的功能。
6．解释核密度图及其作用。
7．造成交通事故的驾驶因素有判断失误、察觉得晚、驾驶错误、偏离规定的行驶路线和酒后或疲劳驾驶等。某地区交通管理部门对最近 40 起交通事故进行了驾驶因素分析，得到的原始数据如下：

驾驶错误，察觉得晚，驾驶错误，判断失误，察觉得晚，判断失误，察觉得晚，判断失误，判断失误，酒后或疲劳驾驶，察觉得晚，判断失误，驾驶错误，判断失误，判断失误，察觉得晚，酒后或疲劳驾驶，察觉得晚，察觉得晚，察觉得晚，察觉得晚，偏离规定的行驶路线，察觉得晚，驾驶错误，判断失误，判断失误，驾驶错误，察觉得晚，察觉得晚，察觉得晚，判断失误，察觉得晚，判断失误，驾驶错误，驾驶错误，判断失误，驾驶错误，酒后或疲劳驾驶，察觉得晚，察觉得晚

(1) 生成这些数据的频数分布表。
(2) 分别画出这些数据的条形图和饼图。

8．泉州师范学院 15 级信息与计算科学专业 48 位同学的"概率论"的期末成绩如下：

63,62,57,69,69,68,84,69,85,70,64,77,71,56,75,72,80,72,71,81,54,69,70,66,65,82,93,71,58,83,58,80,71,47,63,83,86,92,74,94,76,82,87,81,63,58,67,79

(1) 将这些成绩分别按降序、升序排列。

(2) 生成这些成绩的分组，生成频数分布表。

(3) 分别绘制这些成绩的直方图、箱线图、茎叶图、核密度图。

(4) 简单概述这些成绩分布的特点。

9. 在腐蚀刻线试验中，已知腐蚀深度 y 与腐蚀时间 x 有关，现收集到如表 9-4 所示数据。

表 9-4　腐蚀深度 y 与腐蚀时间 x 的数据

x/s	5	10	15	20	30	40	50	60	70	90	120
y/μm	6	10	10	13	16	17	19	23	25	29	46

绘制 x、y 的散点图，并添加其线性回归直线图。

第 10 章 描述性统计量

利用图表展示数据，可以对数据分布的状况和特征有一个大致的了解，但要全面把握数据分布的特征还需要找到反映数据分布特征的各个代表值。对统计数据分布的特征，我们可以从三个方面进行描述：一是数据分布的集中趋势，反映各数据向其中心值靠拢或聚集的程度；二是数据分布的离散程度，反映数据远离其中心值的趋势；三是分布的形状，反映数据的偏态和峰态。这三个方面分别反映了数据分布特征的不同侧面。以下设 $X_1, X_2, \cdots, X_n$ 是来自总体 X 的一个样本，$x_1, x_2, \cdots, x_n$ 是该样本的观测值，也就是常说的统计数据。

10.1 集中趋势的测度

集中趋势是指一组数据向某一中心值靠拢的倾向，测度集中趋势也就是寻找数据一般水平的代表值或中心值。从不同角度考虑，集中趋势的测度值有多个，下面介绍几个主要测度值的计算方法、特点。

10.1.1 众数

众数是一组数据中出现次数最多的变量值，用 M_0 表示。它主要用于测度分类数据的集中趋势，当然也适用于作为顺序数据以及数值型数据集中趋势的测度值。

例 10.1 根据例 9.2 中被访者最喜欢喝的饮料的数据，计算众数。

解 这里的变量为"饮料"，是个分类变量，不同类型的饮料就是变量值。我们注意到，在接受调查的 25 个被访者中，最喜欢喝可口可乐的人数最多，为 8 人，因此众数为"可口可乐"这一类别，即 M_0=可口可乐。

对于数值型数据同样也可以计算众数。例如，下面是随机调查某市 10 家超市在一天内卖出的牙刷数量（单位：支）：

$$32, 40, 45, 40, 55, 31, 40, 45, 40, 60$$

在这 10 个数据中，40 出现的次数最多，为 4 次，因此众数为 40，即 M_0=40。

众数是一个位置代表值，它的特点是不受数据中极端值的影响。

10.1.2 均值

1. 样本均值

其定义式如下：

$$\overline{X} = \frac{1}{n}\sum_{i=1}^{n} X_i \tag{10.1}$$

样本均值 $\overline{X}$ 可用来描述数据的中心位置。显然，样本均值对应于随机变量的的数学期望。同样地，我们也能找到与随机变量的原点矩相对应的统计量。

2．样本 k 阶（原点）矩

其定义式如下：

$$A_k = \frac{1}{n}\sum_{i=1}^{n} X_i^k, k = 1,2,\cdots \tag{10.2}$$

它们的观测值分别为

$$\overline{x} = \frac{1}{n}\sum_{i=1}^{n} x_i$$

$$a_k = \frac{1}{n}\sum_{i=1}^{n} x_i^k, k = 1,2,\cdots$$

这些观测值仍分别称为样本均值、样本 k 阶（原点）矩。

我们指出，若总体 X 的 k 阶矩 $E(X^k) = \mu_k$ 存在，因为 $X_1, X_2, \cdots, X_n$ 独立且与 X 同分布，所以 $X_1^k, X_2^k, \cdots, X_n^k$ 独立且与 X^k 同分布，故有

$$E(X_1^k) = E(X_2^k) = \cdots = E(X_n^k) = \mu_k$$

因此，当 n 充分大时，有

$$A_k = \frac{1}{n}\sum_{i=1}^{n} X_i^k \approx \mu_k, k = 1,2,\cdots \tag{10.3}$$

10.1.3 中位数

在按大小顺序排列的一组数据中，居中间位置的数称为这组数据的**中位数**。考虑到数据个数可能有偶数和奇数两种情况，我们可以用如下方法确定中位数。

将数据样本容量为 n 的样本观测值 $x_1, x_2, \cdots, x_n$ 按大小排序后为

$$x_{(1)} \leqslant x_{(2)} \leqslant \cdots \leqslant x_{(n)} \tag{10.4}$$

则样本中位数 M_e 的定义如下：若 n 为奇数，则 $M_e = x_{\left(\frac{n+1}{2}\right)}$；若 n 为偶数，则 $M_e = \frac{1}{2}[x_{\left(\frac{n}{2}\right)} + x_{\left(\frac{n}{2}+1\right)}]$。

中位数把所有数据分为数量相等的两部分，一部分比它小，另一部分比它大，而中位数自身处于中等水平。正因为如此，它在某些情况下常常用来代表总体的一般水平。

10.1.4 百分位数

百分位数是中位数的推广，将数据按从小到大的顺序排列后，对于 $0 \leqslant p < 1$，它的 p 分位点定义为 $m_p = \begin{cases} x_{([np]+1)}, & \text{当} np \text{不是整数时} \\ \dfrac{1}{2}(x_{(np)} + x_{(np+1)}), & \text{当} np \text{是整数时} \end{cases}$，其中 $[np]$ 表示 np 的整数部分。

p 分位数又称第 $100p$ 百分位数，大体上整个样本的 $100p$ 的观测值不超过 p 分位数，如 0.5 分位数（第 50 百分位数）就是中位数 M_e。在实际计算中，0.75 分位数与 0.25 分位数（第 75 百分位数与第 25 百分位数）比较重要，它们分别称为上四分位数和下四分位数，并分别记为 $Q_3 = m_{0.75}$ 和 $Q_1 = m_{0.25}$。

10.2 分布离散程度的测度

数据的分散程度是各变量值远离其中心值的程度，因此也称离中趋势。

10.2.1 极差和四分位差

极差也称全距，它是一组样本数据的最大值与最小值之差，即

$$R = \max_{1 \leqslant i \leqslant n}\{x_i\} - \min_{1 \leqslant i \leqslant n}\{x_i\} = x_{(n)} - x_{(1)} \tag{10.5}$$

极差意义明确，计算简便，所以常用它粗略地说明数据的变异程度或离散程度。但它仅仅依靠两极端值，而全然不顾中间值的影响，因而它还不能准确反映数据的离散程度。

四分位差也称四分位距，是一组数据 75%位置的上四分位数 Q_3 与 25%位置的下四分位数 Q_1 之差，用 IQR 表示，计算公式如下：

$$\text{IQR} = Q_3 - Q_1 \tag{10.6}$$

四分位差反映了中间 50%的数据的离散程度，其值越小，说明中间 50%的数据越集中；其值越大，说明中间 50%的数据越分散。四分位差不受极值的影响。此外，由于中位数处于数据的中间位置，因此四分位差的大小在一定程度上也说明了中位数对一组数据的代表程度。

10.2.2 样本方差与样本标准差、样本 k 阶中心矩

样本方差 $$S^2 = \dfrac{1}{n-1}\sum_{i=1}^{n}(X_i - \bar{X})^2 = \dfrac{1}{n-1}\left(\sum_{i=1}^{n}X_i^2 - n\bar{X}^2\right) \tag{10.7}$$

样本标准差 $$S = \sqrt{S^2} = \sqrt{\frac{1}{n-1}\sum_{i=1}^{n}(X_i - \bar{X})^2} \tag{10.8}$$

样本方差 S^2 和样本标准差 S 用于刻画数据的分散程度，S 越大，表示分散程度越高。样本方差对应于随机变量的方差，这样，我们也能找到与随机变量的中心矩相对应的统计量。

样本 k 阶中心矩 $$B_k = \frac{1}{n}\sum_{i=1}^{n}(X_i - \bar{X})^k, \quad k = 2, \cdots \tag{10.9}$$

它们的观测值分别为

$$s^2 = \frac{1}{n-1}\sum_{i=1}^{n}(x_i - \bar{x})^2 = \frac{1}{n-1}\left(\sum_{i=1}^{n}x_i^2 - n\bar{x}^2\right) \tag{10.10}$$

$$s = \sqrt{s^2} = \sqrt{\frac{1}{n-1}\sum_{i=1}^{n}(x_i - \bar{x})^2} \tag{10.11}$$

$$b_k = \frac{1}{n}\sum_{i=1}^{n}(x_i - \bar{x})^k, \quad k = 2, \cdots \tag{10.12}$$

这些观测值仍分别称为样本方差、样本标准差、样本 k 阶中心矩。

由上所述，样本的原点矩、中心矩与总体的原点矩、中心矩是不同的概念，样本的原点矩、中心矩分别是 $X_1, X_2, \cdots, X_n$ 的函数，而总体的原点矩、中心矩则是 X 的函数的数学期望，在以后的学习中不要混淆。

10.2.3 变异系数

前面讲到的方差、标准差、极差和四分位差都只能用来比较同一属性（具有相同单位）的两组数据的离散程度，特别是当两组数据的平均数相等时，我们可以直接用方差或标准差说明数据的离散程度。但是，如果两组数据具有不同的平均数，我们就不能直接用方差或标准差进行比较，因为方差（或标准差）是根据平均数计算出来的，它是数据关于其平均数的离差的平方和。因此，方差的大小不仅与数据本身的离散程度有关，还与平均数的大小有关。此时，应当计算变异系数。

变异系数是标准差与平均数的比值，即

$$V = \frac{s}{\bar{x}} \times 100\% \tag{10.13}$$

表示数据相对于其平均数的分散程度，它是一个无量纲的量，用百分数表示。

10.3 分布的形状

集中趋势和离散程度是数据分布的两个重要特征，要全面了解数据分布的特点，还需要知道数据分布的形状是否对称、偏斜的程度以及分布的扁平程度等。偏度系数和峰度系数就分别是对分布不对称程度和峰值高低的一种度量。

10.3.1 偏度

偏度是对分布偏斜方向及其程度的测度。数据的单峰钟形分布有对称分布和非对称分布两种，非对称分布也即偏态分布，具体包括右偏分布和左偏分布。

可以利用平均数、中位数、众数的位置关系来大致判断分布是否对称。对称分布的一个基本特征是平均数、中位数、众数合而为一，即 $\bar{X} = M_e = M_0$，如图 10-1 所示。

在偏态分布的情况下，三者彼此分离，$\bar{X}$、M_0 分居两边，M_e 介于两者之间。

若众数在左边，平均数在右边，即 $\bar{X} > M_e > M_0$，则称右偏分布，如图 10-2 所示；若众数在右边，平均数在左边，即 $\bar{X} < M_e < M_0$，则称左偏分布，如图 10-3 所示。

为了准确地测定分布的偏斜程度和进行比较分析，需要计算偏度系数。偏度系数的计算方法很多，这里仅介绍其中比较常用的一种。根据原始数据计算偏度系数 SK 时，通常采用下面的公式：

$$\text{SK} = \frac{n}{(n-1)(n-2)} \sum \left(\frac{x_i - \bar{x}}{s} \right)^3 \tag{10.14}$$

当数据对称分布时，SK=0。SK 越接近 0，偏斜程度就越低，也就越接近对称分布。如果 SK 明显不为 0，则表示分布是不对称的。若 SK>1 或 SK<−1，则可以认为是严重偏斜分布；若 0.5<SK<1 或 −1<SK<−0.5，则视为中等偏斜分布；若 SK<0.5 或 SK>−0.5，则视为轻微偏斜分布。其中，负值表示左偏分布图（在分布图的左侧有长尾），正值表示右偏分布（在分布图的右侧有长尾）。

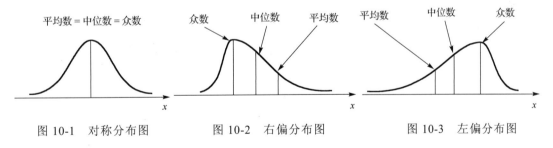

图 10-1　对称分布图　　　图 10-2　右偏分布图　　　图 10-3　左偏分布图

10.3.2 峰度

在社会经济现象中，许多数据的分布曲线与正态分布曲线相比，其顶部的形态会有所不同，而这种差异通常具有重要的意义。峰度就是用来反映数据分布曲线顶端扁平程度的指标，它是统计学中描述分布形状的另一特征指标。根据原始数据计算峰度系数 K 时，通常采用下面的公式：

$$K = \frac{n}{(n-1)(n-2)(n-3)} \sum \left(\frac{x_i - \bar{x}}{s}\right)^4 - \frac{3(n-1)^2}{(n-2)(n-3)} \tag{10.15}$$

如上所述，峰度通常是与标准正态分布比较而言的，标准正态分布的峰度系数为0，当 $K>0$ 时，为尖峰分布，数据分布的峰值比标准正态分布高，数据相对集中，如图10-4所示；当 $K<0$ 时，为扁平分布，数据分布的峰值比标准正态分布低，数据相对分散，如图10-5所示。

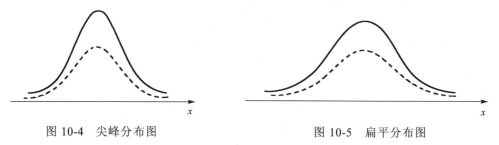

图 10-4　尖峰分布图　　　　　图 10-5　扁平分布图

10.4　在 R 中计算常用的描述统计量

本书给出的描述数据集中趋势、分散程度及分布形状的统计量有众数、均值 $\bar{x}$、中位数 M_e、百分位数、极差 R、四分位差 IQR、样本方差 S^2、样本标准差 S、变异系数 V、偏度系数 SK、峰度系数 K，下面介绍它们在 R 中的实现。

可用函数 mean() 计算样本的均值，其格式如下：

```
mean(x,trim=0,na.rm=FALSE)
```

可用函数 sort() 把样本数据按大小顺序排列，其格式如下：

```
sort(x,na.last=FALSE,decreasing=FALSE)
```

decreasing=FALSE，返回值按由小到大顺序排列；decreasing=TRUE，返回值按由大到小顺序排列。

函数 median() 给出数据的中位数，其格式如下：

```
median(x,na.rm=FALSE)
```

可用函数 quantile() 计算观测数据的百分位数，一般格式如下：

```
quantile(x,probs=seq(0,1,0.25),na.rm=FALSE,names=TRUE,type=7,…)
```

其中，x 是由数值构成的向量；probs 给出相应的百分位数，默认值有 0、0.25、0.5、0.75、1；na.rm 是逻辑变量，当 na.rm=TRUE 时，可处理缺失数据；其余参数的说明见帮助文件。

函数 var()、sd() 分别用于计算样本方差和样本标准差，它们的格式分别如下：

第10章 描述性统计量

```
var(x,na.rm=FALSE,use)
sd(x,na.rm=FALSE)
IQR = quantile(x,probs=0.75)- quantile(x,probs=0.25)
```

极差 R 可用 max( )−min( ) 来计算。

安装了软件包 agricolae 后，可利用其中的函数 skewness( ) 及 kurtosis( ) 分别计算偏度系数与峰度系数。

一般而言，在上面这些函数中，对象 x 是向量，其他参数的使用方法请参考在线帮助文件。

例 10.2　以例 9.4 中的数据为例，计算各种描述性统计量。

解　在 R 中，计算各种统计量的指令如下：

```
score<-c(60,70,29,72,79,80,62,46,65,91,64,70,67,65,60,75,
76,81,61,64,74,71,78,77,79,81,68,71,76,45,67,61,77,87,80,50)
> mean(score)                                               #均值
[1] 68.86111
> median(score)   #中位数
[1] 70.5
> quantile(score,probs=c(0.25,0.75))                        #下、上四分位数
  25%   75%
63.50 77.25
> max(score)-min(score)                                     #极差
[1] 62
> quantile(score,probs=0.75)-quantile(score,probs=0.25)     #四分位差

13.75
> var(score)                                                #方差
[1] 154.8659
> sd(score)                                                 #标准差
[1] 12.44451
> sd(score)/mean(score)                                     #变异系数
[1] 0.180719
> library(agricolae)                                        #载入 agricolae 包
> skewness(score)                                           #偏度系数
[1] -1.104901
> kurtosis(score)                                           #峰度系数
[1] 2.012963
```

为了计算众数的大小，可编写如下的函数进行计算：

```
> mode1<-function(x){
+   sx<-sort(unique(x))
+   tab<-tabulate(match(x,sx))
```

```
+     sx[tab==max(tab)]
+ }#编写计算众数的函数
> mode1(score) #众数
 [1] 60 61 64 65 67 70 71 76 77 79 80 81
```

在这组数据中,存在多个众数。

思考与练习

1. 对统计数据分布的特征,可以从哪三个方面进行描述?
2. 哪些统计量可以用来描述分类数据、顺序数据的集中趋势?
3. 简述极差、四分位差、样本方差及标准差的应用场合。
4. 简述变异系数的作用。
5. 解释左偏、右偏分布。
6. 如何计算峰度系数 K?其大小与分布的形状有何关系?
7. 试计算例 9.2 中数据的众数、中位数。
8. 某单位对 20 名女职工测定血清总蛋白含量(单位:g/L),数据如下:

74.3,78.8,68.8,78.0,70.4,80.5,80.5,69.7,71.2,73.5,79.5,75.6,75.0,78.8,72.0,72.0,72.0,74.3,71.2,72.0

计算均值及上四分位数、下四分位数、方差、标准差、极差、变异系数、偏度及峰度系数。

9. 某种矿石有两种有用成分 A、B,取 10 个样本,每个样本中成分 A 的含量百分数 x(%)及 B 的含量百分数 y(%)的数据如表 10-1 所示,分别简单描述这两组数据的分布特征并比较其差异。

表 10-1 某种矿石中成分 A、B 的含量百分数

x(%)	67	54	72	64	39	22	58	43	46	34
y(%)	24	15	23	19	16	11	20	16	17	13

第 11 章 抽 样 分 布

前面我们介绍了抽样的有关内容,从总体中进行抽样,就得到样本数据,把分散在这些数据中我们所关心的信息集中起来,针对不同的研究目的构造出不同的统计量,以此来推断我们所关注的总体的特征或行为,这就是常说的抽样推断。根据统计量的定义,它是样本的函数,因而也是随机变量,那么它就有一定的概率分布,样本统计量的概率分布也称抽样分布。根据统计量推断总体的特征或行为具有某种不确定性,但我们可以给出这种推断的可靠性,抽样分布正是度量这种可靠性的依据,因此抽样分布是抽样推断的重要依据。

寻求抽样分布的方法主要有精确方法和大样本方法两种,从而抽样分布也有两大类:精确分布和渐近分布。本书主要介绍精确分布。

当总体的分布类型已知时,如果对任一自然数 n 都能导出统计量 $T=(X_1,X_2,\cdots,X_n)$ 的分布的明显表达式,则称这种方法为精确方法,所得分布称为精确抽样分布。下面将在正态总体下得到常见的精确分布。

11.1 三大统计分布

11.1.1 χ^2 分布

1. 定义

定义 11.1 设 $X_1,X_2,\cdots,X_n$ 是来自总体 $N(0,1)$ 的样本,则称统计量

$$\chi^2 = X_1^2 + X_2^2 + \cdots + X_n^2 \tag{11.1}$$

服从自由度为 n 的 χ^2 分布,记为 $\chi^2 \sim \chi^2(n)$。

此处,自由度是指式(11.1)右端包含的独立变量的个数。

$\chi^2(n)$ 分布的概率密度函数为

$$f(x) = \begin{cases} \dfrac{1}{2^{n/2}\Gamma(n/2)} x^{n/2-1} e^{-x/2}, & x > 0 \\ 0, & \text{其他} \end{cases} \tag{11.2}$$

其中,$\Gamma(m) = \int_0^{+\infty} t^{m-1} e^{-t} dt$ 称为 Γ 函数。

绘制不同自由度 χ^2 分布曲线的 R 代码如下：

```
> curve(dchisq(x,2),xlim=c(0,20),xlab="x",ylab="f(x)",lwd=1.5,lty=1)
> curve(dchisq(x,4),xlim=c(0,20),xlab="x",ylab="f(x)",lwd=1.5,
add=TRUE,lty=2)
> curve(dchisq(x,10),xlim=c(0,20),xlab="x",ylab="f(x)",lwd=1.5,
add=TRUE,lty=3)
> abline(h=0)
> legend(x="topright",legend=c("df=2","df=4","df=10"),lty=1:3)
```

绘制结果如图 11-1 所示。

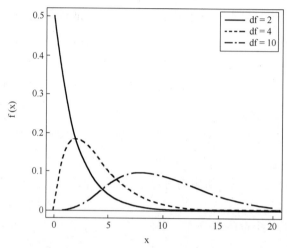

图 11-1　不同自由度 χ^2 分布曲线

2. 性质

可以证明 χ^2 分布有如下性质：

(1) 若 $X \sim \chi^2(n)$，则 $E(X) = n$，$D(X) = 2n$；

(2) $X \sim \chi^2(n)$，$Y \sim \chi^2(m)$，且 X，Y 相互独立，则 $X + Y \sim \chi^2(n+m)$。

3. α 分位点

定义 11.2　设 $X \sim \chi^2(n)$，对给定的 α，满足 $P(X > \chi_\alpha^2(n)) = \int_{\chi_\alpha^2(n)}^{\infty} f(y) \mathrm{d}y = \alpha$ 的点 $\chi_\alpha^2(n)$ 称为 χ^2 分布的上 α 分位点，如图 11-2 所示。

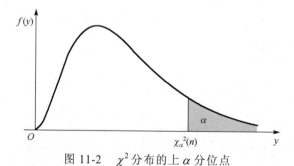

图 11-2　χ^2 分布的上 α 分位点

对于不同的 α 和 n，上 α 分位点可通过 R 计算。

例如，$\chi^2_{0.99}(10) = 2.558$、$\chi^2_{0.01}(10) = 23.209$ 的指令分别如下：

```
> qchisq(0.01,10)
[1] 2.558212
> qchisq(0.99,10)
[1] 23.20925
```

11.1.2 t 分布

1. 定义

定义 11.3 设 $X \sim N(0,1)$，$Y \sim \chi^2(n)$，且 X、Y 相互独立，则称随机变量

$$t = \frac{X}{\sqrt{Y/n}} \tag{11.3}$$

服从自由度为 n 的 t 分布，记为 $t \sim t(n)$。

t 分布又称学生氏分布。$t(n)$ 分布的概率密度函数为

$$f(x) = \frac{\Gamma[(n+1)/2]}{\sqrt{\pi n}\Gamma(n/2)}\left(1+\frac{x^2}{n}\right)^{-(n+1)/2}, \quad -\infty < x < \infty \tag{11.4}$$

绘制不同自由度 $t(n)$ 分布曲线的 R 代码如下：

```
    curve(dnorm(x,0,1),from=-3,to=3,xlim=c(-4,4),xlab="x",ylab="f(x)",
lwd=1.5,lty=1)
    > abline(h=0);abline(v=0)
    > curve(dt(x,1),from=-4,to=4,xlab="x",ylab="f(x)",lwd=1.5,lty=2,add=TRUE)
    > curve(dt(x,2),from=-4,to=4,xlab="x",ylab="f(x)",lwd=1.5,lty=3,add=TRUE)
    > curve(dt(x,5),from=-4,to=4,xlab="x",ylab="f(x)",lwd=1.5,lty=4,add=TRUE)
    > legend(x="topright",legend=c("N(0,1)","t(1)","t(2)","t(5)"),
lty=1:4)
```

绘制结果如图 11-3 所示。

2. 性质

(1) $\lim\limits_{n \to \infty} f(x) = \frac{1}{\sqrt{2\pi}} e^{-x^2/2} = \varphi(x)$，即 t 分布的极限（$n \to +\infty$）分布是标准正态分布。

(2) $X \sim t(n)$，则 $E(X) = 0$，因为 $f(x)$ 关于 y 轴对称；$D(X) > 1$，因为 $f(x)$ 比标准正态分布的概率密度函数 $\varphi(x)$ 要平坦一些。

3. α 分位点

定义 11.4 设 $X \sim t(n)$，对给定的 α（$0 < \alpha < 1$），满足 $P(X > t_\alpha(n)) = \int_{t_\alpha(n)}^{\infty} f(y)\mathrm{d}y = \alpha$ 的点 $t_\alpha(n)$ 称为 t 分布的上 α 分位点，如图 11-4 所示。

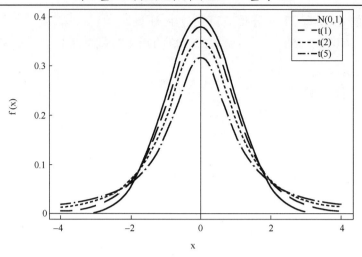

图 11-3　不同自由度 $t(n)$ 分布曲线

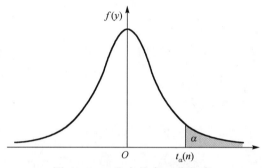

图 11-4　t 分布的上 α 分位点

由 t 分布上 α 分位点的定义及 $f(x)$ 图形的对称性可知

$$t_{1-\alpha}(n) = -t_{\alpha}(n) \tag{11.5}$$

t 分布的上 α 分位点可通过 R 计算。

例如，$t_{0.05}(10) = 1.812461$，$t_{0.95}(10) = -t_{0.05}(10) = -1.812461$ 的指令分别如下：

```
> qt(0.95,10)
[1] 1.812461
> qt(0.05,10)
[1] -1.812461
```

当 $n > 45$ 时，对于常用的 α 值，就用正态分布近似，即

$$t_{\alpha}(n) \approx z_{\alpha} \tag{11.6}$$

11.1.3　F 分布

1. 定义

定义 11.5　设 $U \sim \chi^2(n_1)$，$V \sim \chi^2(n_2)$，且 U、V 相互独立，则称随机变量

$$F = \frac{U/n_1}{V/n_2} \tag{11.7}$$

服从自由度为 (n_1, n_2) 的 F 分布，记为 $F \sim F(n_1, n_2)$。

$F(n_1, n_2)$ 分布的概率密度函数为

$$f(x) = \begin{cases} \dfrac{\Gamma[(n_1+n_2)/2](n_1/n_2)^{n_1/2} x^{(n_1/2)-1}}{\Gamma(n_1/2)\Gamma(n_2/2)[1+(n_1 x/n_2)]^{(n_1+n_2)/2}}, & y > 0 \\ 0, & \text{其他} \end{cases} \tag{11.8}$$

绘制不同自由度 F 分布曲线的 R 代码如下：

```
curve(df(x,10,50),from=0,to=5,xlim=c(0,5),xlab="x",ylab="f(x)",lwd=1.5,lty=1)
> curve(df(x,4,10),from=0,to=5,xlab="x",ylab="f(x)",lwd=1.5,lty=2,add=TRUE)
> curve(df(x,16,25),from=0,to=5,xlab="x",ylab="f(x)",lwd=1.5,lty=3,add=TRUE)
> abline(h=0)
> legend(x="topright",legend=c("F(10,50)","F(4,10)","F(16,25)"),lty=1:3)
```

绘制的曲线如图 11-5 所示。

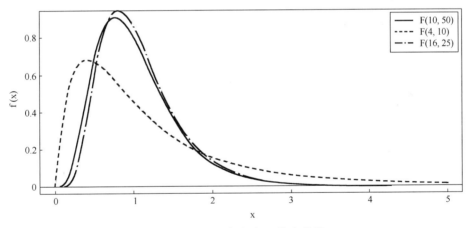

图 11-5 不同自由度 F 分布曲线

2. 性质

由定义可知，若 $F \sim F(n_1, n_2)$，则有

$$\frac{1}{F} \sim F(n_2, n_1) \tag{11.9}$$

3. α 分位点

定义 11.6 设 $F \sim F(n_1, n_2)$，对给定的 α $(0 < \alpha < 1)$，满足 $P(F > F_\alpha(n_1, n_2)) =$

$\int_{F_\alpha(n_1,n_2)}^{\infty} \psi(y)\mathrm{d}y = \alpha$ 的点 $F_\alpha(n_1,n_2)$ 称为 F 分布的上 α 分位点，如图 11-6 所示。

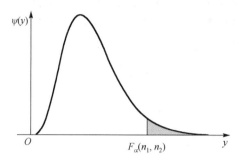

图 11-6　F 分布的上 α 分位点

F 分布的上 α 分位点有如下重要性质：

$$F_{1-\alpha}(n_1,n_2) = \frac{1}{F_\alpha(n_2,n_1)} \tag{11.10}$$

F 分布的上 α 分位点可通过 R 计算。

例如，$F_{0.05}(3,4) = 6.591382$，$F_{0.05}(4,3) = 9.117182$，$F_{0.95}(3,4) = \dfrac{1}{F_{0.05}(4,3)} = \dfrac{1}{9.12} = 0.109683$ 的指令分别如下：

```
> qf(0.95,3,4)
[1] 6.591382
> qf(0.95,4,3)
[1] 9.117182
> qf(0.05,3,4)
[1] 0.109683
```

11.2　正态总体下常见的统计量的分布

大约在 1925 年，著名统计学家费歇尔就指出了正态总体中样本均值 $\bar{X}$ 与样本方差 S^2 的独立性，并给出了 S^2 的分布。

定理 11.1（费歇尔定理）　设总体 X 服从正态分布 $N(\mu,\sigma^2)$，样本为 $X_1,X_2,\cdots,X_n$，则有

(1) $\bar{X} \sim N\left(\mu,\dfrac{\sigma^2}{n}\right)$；

(2) $\bar{X}$ 与 S^2 相互独立，且 $\dfrac{(n-1)S^2}{\sigma^2} \sim \chi^2(n-1)$。

根据费歇尔定理，我们不难得到下面的定理。

定理 11.2 设总体 X 服从正态分布 $N(\mu,\sigma^2)$，样本为 $X_1,X_2,\cdots,X_n$，则有统计量

$$\frac{\bar{X}-\mu}{S/\sqrt{n}} \sim t(n-1) \tag{11.11}$$

定理 11.3 设 $X_1,X_2,\cdots,X_{n_1}$ 为取自总体 $N(\mu_1,\sigma_1^2)$ 的样本，$Y_1,Y_2,\cdots,Y_{n_2}$ 为取自总体 $N(\mu_2,\sigma_2^2)$ 的样本，且这两个样本相互独立。设 $\bar{X}=\frac{1}{n_1}\sum_{i=1}^{n_1}X_i$、$\bar{Y}=\frac{1}{n_2}\sum_{i=1}^{n_2}Y_i$ 分别是这两个样本的样本均值，$S_1^2=\frac{1}{n_1-1}\sum_{i=1}^{n_1}(X_i-\bar{X})^2$、$S_2^2=\frac{1}{n_2-1}\sum_{i=1}^{n_2}(Y_i-\bar{Y})^2$ 分别是这两个样本的样本方差，则有

(1) $\dfrac{S_1^2/S_2^2}{\sigma_1^2/\sigma_2^2} \sim F(n_1-1,n_2-1)$；

(2) 当 $\sigma_1^2=\sigma_2^2=\sigma^2$ 时，$\dfrac{(\bar{X}-\bar{Y})-(\mu_1-\mu_2)}{S_w\sqrt{\dfrac{1}{n_1}+\dfrac{1}{n_2}}} \sim t(n_1+n_2-2)$。

其中，$S_w^2=\dfrac{(n_1-1)S_1^2+(n_2-1)S_2^2}{n_1+n_2-2}$，$S_w=\sqrt{S_w^2}$。

例 11.1 设 $X_1,X_2,\cdots,X_{10}$ 是总体 $N(0,0.3^2)$ 的样本，求 $P\left(\sum_{i=1}^{10}X_i^2>1.44\right)$

解 由正态分布的标准化，若 $X \sim N(\mu,\sigma^2)$，则 $\dfrac{X-\mu}{\sigma} \sim N(0,1)$，可知 $\dfrac{X_1}{0.3},\dfrac{X_2}{0.3},\cdots,\dfrac{X_{10}}{0.3}$ 都服从 $N(0,1)$。由 χ^2 分布的构造得 $\sum_{i=1}^{10}\left(\dfrac{X_i}{0.3}\right)^2 \sim \chi^2(10)$，于是有

$$P\left(\sum_{i=1}^{10}X_i^2>1.44\right)=P\left(\sum_{i=1}^{10}\left(\dfrac{X_i}{0.3}\right)^2>\dfrac{1.44}{0.09}\right)=P\left(\sum_{i=1}^{10}\left(\dfrac{X_i}{0.3}\right)^2>16\right)=0.1$$

或者通过 R 计算：

```
> 1-pchisq(16,10)
[1] 0.0996324
```

例 11.2 设 $X_1,X_2,\cdots,X_9$ 和 $Y_1,Y_2,\cdots,Y_9$ 是来自同一总体 $N(0,9)$ 的两个独立样本，统计量 $T=\sum_{i=1}^{9}X_i/\sqrt{\sum_{i=1}^{9}Y_i^2}$，试确定 T 的分布。

解 由样本的同分布性，有 $X_i \sim N(0,9)$，$Y_i \sim N(0,9)$，$i=1,2,\cdots,9$；由样本的独立性及独立性正态变量之线性组合的正态性，有 $\dfrac{1}{9}\sum_{i=1}^{9}X_i \sim N(0,1)$。对 Y_i 进行标准化，即

$\dfrac{Y_i}{3} \sim N(0,1)$。由 χ^2 分布的构造得 $\sum_{i=1}^{9} \dfrac{Y_i^2}{9} \sim \chi^2(9)$；由 t 分布的构造得 $\dfrac{\sum_{i=1}^{9} X_i}{\sqrt{\sum_{i=1}^{9} Y_i^2}} =$

$\dfrac{\dfrac{1}{9}\sum_{i=1}^{9} X_i}{\sqrt{\sum_{i=1}^{9} \dfrac{Y_i^2}{9} / 9}} \sim t(9)$，即 $T \sim t(9)$。

思考与练习

1．三大统计分布各是什么？

2．解释三大统计分布的上 α 分位点。

3．简述正态总体下样本均值 $\bar{X}$ 与样本方差 S^2 的分布。

4．用 R 计算下列 α 分位点的值：$\chi^2_{0.1}(5)$、$\chi^2_{0.9}(5)$、$t_{0.05}(10)$、$t_{0.025}(10)$、$F_{0.1}(5,10)$、$F_{0.9}(5,10)$。

5．设总体 $X \sim \chi^2(n)$，$X_1, X_2, \cdots, X_{10}$ 是来自 X 的样本，求 $E(\bar{X})$、$D(\bar{X})$、$E(S^2)$。

6．设 $X_1, X_2, \cdots, X_6$ 来自总体 $N(0,1)$，$Y = (X_1 + X_2 + X_3)^2 + (X_4 + X_5 + X_6)^2$，试确定成数 C，使 CY 服从 χ^2 分布。

7．设 $X_1, X_2, \cdots, X_5$ 来自总体 $N(0,1)$，$Y = \dfrac{C(X_1 + X_2)}{(X_3^2 + X_4^2 + X_5^2)^{1/2}}$，试确定成数 C，使 Y 服从 t 分布。

8．已知 $X \sim t(n)$，求证 $X^2 \sim F(1,n)$。

第 12 章 参 数 估 计

现在一般把涉及收集与汇总数据的那些统计方法称作描述性统计,而把利用数据得出某种结论的统计方法称作统计推断。数理统计研究的主要内容是统计推断。本章将研究统计推断中的重要内容之一——参数估计。所谓参数估计就是根据样本观测值 $x_1, x_2, \cdots, x_n$ 来估计总体 X 分布中的未知参数或数字特征值。数理统计之所以与一般的统计不同,就在于它不仅能估计未知参数,而且还能由给定的可靠度(置信度)确定估计的精度。本章仅介绍参数的点估计与区间估计。

12.1 点 估 计

例 12.1 设某种灯泡的使用寿命 $X \sim N(\mu, \sigma^2)$,其中 μ、σ^2 未知。今随机抽取 7 只灯泡,测得寿命(单位:小时)如下:

$$1502, 1453, 1367, 1650, 1289, 1621, 1534$$

试估计 μ 及 σ^2。

例 12.1 中,7 只灯泡的寿命分别为总体 X 的样本 X_1、X_2、X_3、X_4、X_5、X_6、X_7,测得的 7 个数据分别是其一组样本观测值 x_1、x_2、x_3、x_4、x_5、x_6、x_7。该问题是要根据样本观测值来估计总体的数学期望 μ 与方差 σ^2,这就是点估计问题。一般地,设 θ 为总体 X 分布中的未知参数,$X_1, X_2, \cdots, X_n$ 为总体 X 的样本,$x_1, x_2, \cdots, x_n$ 为一组样本观测值,所谓对总体 X 的未知参数 θ 的点估计问题,就是设法找到一个统计量 $\hat{\theta} = \hat{\theta}(X_1, X_2, \cdots, X_n)$ 作为 θ 的**估计量**,将样本观测值 $x_1, x_2, \cdots, x_n$ 代入估计量 $\hat{\theta}(X_1, X_2, \cdots, X_n)$,就可以得到 θ 的**估计值** $\hat{\theta} = \hat{\theta}(x_1, x_2, \cdots, x_n)$。

在不致混淆的情况下,统称估计量和估计值为**估计**,并都简记为 $\hat{\theta}$。

显然,由于样本的随机性,由同一个估计量得到的估计值也不同。

下面介绍求点估计量的方法,常用的有矩估计法和最大似然估计法。

12.1.1 矩估计法

设 X 为连续型随机变量,其概率密度函数为 $f(x; \theta_1, \theta_2, \cdots, \theta_k)$;或 X 为离散型随机变量,其分布律为 $P(X=x) = p(x; \theta_1, \theta_2, \cdots, \theta_k)$。其中,$\theta_1, \theta_2, \cdots, \theta_k$ 为待估参数,$X_1, X_2, \cdots, X_n$ 为总体 X 的样本,$x_1, x_2, \cdots, x_n$ 为样本观测值。

假设总体 X 的前 k 阶矩

$$\mu_l = E(X^l) = \int_{-\infty}^{\infty} x^l f(x;\theta_1,\theta_2,\cdots,\theta_k)\mathrm{d}x = \mu_l(\theta_1,\theta_2,\cdots,\theta_k) \quad (X \text{ 为连续型随机变量}) \quad (12.1)$$

或

$$\mu_l = E(X^l) = \sum_{x \in R_X} x^l p(x;\theta_1,\theta_2,\cdots,\theta_k) = \mu_l(\theta_1,\theta_2,\cdots,\theta_k) \quad (X \text{ 为离散型随机变量}) \quad (12.2)$$

$$l = 1, 2, \cdots, k$$

(其中，R_X 是 X 可能取值的范围)存在。一般来说，它们是 $\theta_1, \theta_2, \cdots, \theta_k$ 的函数，基于有关理论，我们就用样本矩作为相应的总体矩的估计量，这种方法称为**矩估计法**。矩估计法的具体步骤如下：

(1) 计算总体 X 的 l 阶原点矩 $\mu_l = E(X^l) = \mu_l(\theta_1, \theta_2, \cdots, \theta_k)$，$1 \leq l \leq k$，即计算随机变量函数 $g(X) = X^l$ 的数学期望。

(2) 列出方程

$$E(X^l) = \mu_l(\theta_1, \theta_2, \cdots, \theta_k) = A_l = \frac{1}{n}\sum_{i=1}^{n} X_i^l, \quad 1 \leq l \leq k \quad (12.3)$$

这是包含 k 个未知参数 $\theta_1, \theta_2, \cdots, \theta_k$ 的 k 个方程。

(3) 解上述方程或方程组，解出 $\theta_1, \theta_2, \cdots, \theta_k$。不妨设 $\theta_i = h_i(X_1, X_2, \cdots, X_n)$，则以 $h_i(X_1, X_2, \cdots, X_n)$ 作为 θ_i 的估计量，即 $\hat{\theta}_i = h_i(X_1, X_2, \cdots, X_n)$，而称 $h_i(x_1, x_2, \cdots, x_n)$ 为 θ_i 的矩估计值 $(i = 1, 2, \cdots, k)$。

例 12.2 $X_1, X_2, \cdots, X_n$ 为总体 X 的样本，求总体 X 的数学期望和方差的矩估计量。

解 假设 $E(X) = \mu, D(X) = \sigma^2$ 存在但未知，则有

$$\begin{cases} E(X) = \mu = A_1 = \dfrac{1}{n}\sum_{i=1}^{n} X_i = \overline{X} \\ E(X^2) = \sigma^2 + \mu^2 = A_2 = \dfrac{1}{n}\sum_{i=1}^{n} X_i^2 \end{cases}$$

由上述关于 μ、σ^2 的方程组得 μ、σ^2 的矩估计量分别为

$$\hat{\mu} = \overline{X}$$

$$\hat{\sigma}^2 = \frac{1}{n}\sum_{i=1}^{n} X_i^2 - (\overline{X})^2 = \frac{1}{n}\sum_{i=1}^{n}(X_i - \overline{X})^2 = \frac{n-1}{n}S^2$$

因此，一般地，当总体中只含有一个未知参数时，用方程

$$E(X) = \overline{X} \quad (12.4)$$

即可解出未知参数的矩估计量。

当总体中含有两个未知参数时，可用方程组

$$\begin{cases} E(X) = \overline{X} \\ D(X) = \dfrac{n-1}{n}S^2 \end{cases} \quad (12.5)$$

解出未知参数的矩估计量。

例 12.3 设总体 X 在区间 $[\theta_1,\theta_2]$ 上服从均匀分布，$X_1,X_2,\cdots,X_n$ 为其一个样本，试求 θ_1 和 θ_2 的矩估计量。

解 由于 $E(X)=\dfrac{1}{2}(\theta_1+\theta_2)$，$D(X)=\dfrac{1}{12}(\theta_2-\theta_1)^2$，则由方程组

$$\begin{cases} \overline{X}=\dfrac{1}{2}(\theta_1+\theta_2) \\ \dfrac{n-1}{n}S^2=\dfrac{1}{12}(\theta_2-\theta_1)^2 \end{cases}$$

解得

$$\hat{\theta}_1=\overline{X}-\sqrt{\dfrac{3}{n}\sum_{i=1}^{n}(X_i-\overline{X})^2},\quad \hat{\theta}_2=\overline{X}+\sqrt{\dfrac{3}{n}\sum_{i=1}^{n}(X_i-\overline{X})^2}$$

12.1.2 最大似然估计法

最大似然估计法是求点估计的另一种方法。它最早由高斯提出，后来费歇尔重新提出并证明了一些性质。它至今仍然是参数点估计中最主要的方法，具有广泛的应用。它主要依据如下基本原理来寻求未知参数 θ 的估计值或估计量：

如果某事件 A 在一次试验或观测中居然发生了，那么一般认为试验条件对此事件 A 的出现有利，也就是 A 出现的概率最大。

1. 总体 X 为离散型随机变量

总体 X 为离散型随机变量，分布律的形式为 $P(X=x)=f(x,\theta)$，$\theta\in\Theta$ 已知。其中，θ 是一个未知参数；Θ 是 θ 可能取值的范围；$x_1,x_2,\cdots,x_n$ 为总体 X 的一组样本观测值。由于样本 $X_1,X_2,\cdots,X_n$ 可以看作 n 维相互独立的随机变量 $(X_1,X_2,\cdots,X_n)$，而 $(x_1,x_2,\cdots,x_n)$ 就是随机变量 $(X_1,X_2,\cdots,X_n)$ 在一次试验或观测中得到的观测值，这表示事件 $(X_1=x_1,X_2=x_2,\cdots,X_n=x_n)$ 在一次试验或观测中居然发生，说明该事件的概率

$$P(X_1=x_1,X_2=x_2,\cdots,X_n=x_n)=P(X_1=x_1)P(X_2=x_2)\cdots P(X_n=x_n)=\prod_{i=1}^{n}f(x_i,\theta) \quad (12.6)$$

应很大。由于此概率是 θ 的函数，它的大小决定于 θ，于是，若存在一个 $\hat{\theta}$ 使该事件的概率达到最大值，我们就取 $\hat{\theta}$ 作为未知参数 θ 的估计值，显然这是合理的。

这里记 $L(\theta)=L(x_1,x_2,\cdots,x_n;\theta)=\prod_{i=1}^{n}f(x_i,\theta)$，并称 $L(\theta)$ 为样本的**似然函数**。若当 $\theta=\hat{\theta}$ 时，似然函数取得最大值，即

$$L(\hat{\theta})=\max_{\theta\in\Theta}L(\theta) \quad (12.7)$$

成立，则称 $\hat{\theta}=\hat{\theta}(x_1,x_2,\cdots,x_n)$ 为 θ 的最大似然估计值，$\hat{\theta}=\hat{\theta}(X_1,X_2,\cdots,X_n)$ 为 θ 的最大似然估计量。

2. 总体 X 为连续型随机变量

设总体 X 为连续型随机变量，X 的概率密度函数为 $f(x,\theta)$，$\theta \in \Theta$ 的形式为已知。其中，θ 为一个未知参数；$x_1, x_2, \cdots, x_n$ 为样本 $X_1, X_2, \cdots, X_n$ 的观测值。类似离散型随机变量的情形，称

$$L(\theta) = L(x_1, x_2, \cdots, x_n; \theta) = \prod_{i=1}^{n} f(x_i, \theta) = f(x_1, \theta) f(x_2, \theta) \cdots f(x_n, \theta) \quad (12.8)$$

为**似然函数**，θ 的取值应使该似然函数取得最大值。若当 $\theta = \hat{\theta}$ 时，似然函数取得最大值，即

$$L(\hat{\theta}) = \max_{\theta \in \Theta} L(\theta)$$

成立，则称 $\hat{\theta} = \hat{\theta}(x_1, x_2, \cdots, x_n)$ 为 θ 的**最大似然估计值**，$\hat{\theta} = \hat{\theta}(X_1, X_2, \cdots, X_n)$ 为 θ 的**最大似然估计量**。

显然，$L(\theta)$ 对 θ 可微时，由方程 $\dfrac{dL(\theta)}{d\theta} = 0$ 可求出 $\hat{\theta}$。

由于似然函数取连乘积的形式，再加上许多重要分布的表达式中含有指数函数，而 $\ln x$ 又是 x 的严格单调递增函数，所以 $\ln[L(\theta)]$ 与 $L(\theta)$ 有相同的最大值点。因此，通常由对数似然方程 $\dfrac{d[\ln L(\theta)]}{d\theta} = 0$ 求出 $\hat{\theta}$。

因此，求最大似然估计量的一般步骤如下。

(1) 根据总体 X 的分布律或概率密度函数 $f(x,\theta)$，写出似然函数

$$L(\theta) = \prod_{i=1}^{n} f(x_i, \theta) = f(x_1, \theta) f(x_2, \theta) \cdots f(x_n, \theta)$$

(2) 对似然函数 $L(\theta)$ 取自然对数，即

$$\ln[L(\theta)] = \ln \prod_{i=1}^{n} f(x_i, \theta) = \sum_{i=1}^{n} \ln[f(x_i, \theta)] = \ln[f(x_1, \theta)] + \ln[f(x_2, \theta)] + \cdots + \ln[f(x_n, \theta)]$$

(3) 写出似然方程

$$\frac{d\ln[L(\theta)]}{d\theta} = \sum_{i=1}^{n} \frac{d\ln[f(x_i, \theta)]}{d\theta} = \sum_{i=1}^{n} \frac{1}{f(x_i, \theta)} \frac{df(x_i, \theta)}{d\theta} = 0$$

若方程有解，则求出 $L(\theta)$ 的最大值点 $\hat{\theta} = \hat{\theta}(x_1, x_2, \cdots, x_n)$，于是 $\hat{\theta} = \hat{\theta}(X_1, X_2, \cdots, X_n)$ 为 θ 的最大似然估计量。

注：(1) 若似然函数中含有多个未知参数 $\theta_1, \theta_2, \cdots, \theta_k$，则可解方程组 $\dfrac{\partial \ln[L(\theta_1, \theta_2, \cdots, \theta_k)]}{\partial \theta_i}$ $=0$，$i=1,2,\cdots,k$，其解分别为 $\theta_1, \theta_2, \cdots, \theta_k$ 的最大似然估计量。

(2) 若 $\hat{\theta}$ 是 θ 的最大似然估计值，$g(\theta)$ 是 θ 的严格单调函数，则 $g(\theta)$ 的最大似然估

计值为 $g(\hat{\theta})$。

例 12.4 设总体 X 的概率密度函数为

$$f(x) = \begin{cases} (\theta+1)x^{\theta}, & 0 \leqslant x \leqslant 1 \\ 0, & \text{其他} \end{cases}$$

有样本 $X_1, X_2, \cdots, X_n$，$x_1, x_2, \cdots, x_n$ 是相应的样本值，求 θ 的最大似然估计值。

解
$$L(\theta) = \prod_{i=1}^{n} f(x_i) = \prod_{i=1}^{n} (\theta+1) x_i^{\theta} = (\theta+1)^n \left(\prod_{i=1}^{n} x_i \right)^{\theta}$$

取对数得对数似然函数

$$\ln[L(\theta)] = n \ln(\theta+1) + \theta \ln \prod_{i=1}^{n} x_i$$

对 θ 求导数

$$\frac{\mathrm{d} \ln[L(\theta)]}{\mathrm{d}\theta} = \frac{n}{\theta+1} + \ln \prod_{i=1}^{n} x_i$$

令 $\dfrac{\mathrm{d} \ln[L(\theta)]}{\mathrm{d}\theta} = 0$，得 θ 的最大似然估计值为

$$\hat{\theta} = \frac{-n}{\ln \prod\limits_{i=1}^{n} x_i} - 1 = \frac{-n}{\sum\limits_{i=1}^{n} \ln x_i} - 1$$

例 12.5 设总体 X 服从具有参数 $\lambda > 0$ 的 Poisson 分布，概率密度函数为

$$f(x;\lambda) = \frac{\lambda^x}{x!} \mathrm{e}^{-\lambda}, \quad x = 0, 1, \cdots$$

并设 $X_1, X_2, \cdots, X_n$ 为来自总体 X 的一个样本，$x_1, x_2, \cdots, x_n$ 是相应的样本值，试求参数 λ 的最大似然估计量。

解 参数 λ 的似然函数为

$$L(\lambda) = \prod_{i=1}^{n} \left[\frac{\lambda^{x_i}}{x_i!} \mathrm{e}^{-\lambda} \right] = \mathrm{e}^{-n\lambda} \frac{\lambda^{\sum\limits_{i=1}^{n} x_i}}{\prod\limits_{i=1}^{n} (x_i!)}$$

而似然方程为

$$\frac{\partial \ln[L(\lambda)]}{\partial \lambda} = -n + \frac{\sum\limits_{i=1}^{n} x_i}{\lambda} = 0$$

解得 $\hat{\lambda} = \dfrac{1}{n}\sum_{i=1}^{n} x_i = \bar{x}$，即样本平均值 $\bar{X}$ 为参数 λ 的最大似然估计量。

例 12.6 设 $(X_1, X_2, \cdots, X_n)$ 是取自正态总体 $N(\mu, \sigma^2)$ 的样本，其中，μ、σ^2 是未知参数，$-\infty < \mu < \infty$，$\sigma^2 > 0$，有样本 $X_1, X_2, \cdots, X_n$，$x_1, x_2, \cdots, x_n$ 是相应的样本值，试求 μ 和 σ^2 的最大似然估计量。

解 我们知道，μ 和 σ^2 的似然函数为

$$L(\mu, \sigma^2) = \prod_{i=1}^{n}\left[\frac{1}{\sqrt{2\pi}\sigma}e^{-\frac{(x_i-\mu)^2}{2\sigma^2}}\right] = \frac{1}{(\sqrt{2\pi}\sigma)^n}e^{-\frac{1}{2\sigma^2}\sum_{i=1}^{n}(x_i-\mu)^2}$$

而似然方程为

$$\begin{cases} \dfrac{\partial \ln L(\mu, \sigma^2)}{\partial \mu} = \dfrac{1}{\sigma^2}\sum_{i=1}^{n}(x_i - \mu) = 0 \\ \dfrac{\partial \ln L(\mu, \sigma^2)}{\partial \sigma^2} = \dfrac{1}{2\sigma^4}\sum_{i=1}^{n}(x_i - \mu)^2 - \dfrac{n}{2\sigma^2} = 0 \end{cases}$$

解得 μ 和 σ^2 的最大似然估计值分别为

$$\begin{cases} \hat{\mu} = \dfrac{1}{n}\sum_{i=1}^{n} x_i = \bar{x} \\ \hat{\sigma}^2 = \dfrac{1}{n}\sum_{i=1}^{n}(x_i - \bar{x})^2 \end{cases}$$

因而其最大似然估计量为

$$\begin{cases} \hat{\mu} = \dfrac{1}{n}\sum_{i=1}^{n} X_i = \bar{X} \\ \hat{\sigma}^2 = \dfrac{1}{n}\sum_{i=1}^{n}(X_i - \bar{X})^2 \end{cases}$$

由此可得 $\sigma = \sqrt{\sigma^2}$ 的最大似然估计量 $\hat{\sigma} = \sqrt{\hat{\sigma}^2} = \sqrt{\dfrac{1}{n}\sum_{i=1}^{n}(X_i - \bar{X})^2}$。

12.2 点估计的优良性

对于某个未知参数 θ，可以有许多种不同的估计量，因为对估计量所提的唯一要求为它必须是样本 $X_1, \cdots, X_n$ 的函数，即从理论上讲，任何统计量都有资格作为参数 θ 的估计量。例如，对于总体 X 的数学期望 $E(X)$，根据矩估计法可用样本的算术平均值 $\bar{X}$ 作为它的估计量；也可用样本的加权平均 $\sum_{i=1}^{n} c_i X_i$ 作为它的估计量，其中，

$c_i \geq 0$, $\sum_{i=1}^{n} c_i = 1$；甚至更简单地用容量为 1 的样本 X_1 作为 $E(X)$ 的估计量。问题在于哪个估计量为它的最优估计量，而最优的准则又是怎样确定的。本节引进无偏性、有效性、一致性等概念，从不同角度来衡量估计量 $\theta(X_1, \cdots, X_n)$ 作为参数 θ 的估计时确定估计量最优的准则，即讨论估计量的优良性。

12.2.1 无偏性

估计量是样本的函数，是随机变量，它对于每个样本观测值都会得到不同的估计值。我们自然希望这些不同的估计值能以未知参数的真值为中心左右摆动，也就是希望一个好的估计量的均值等于未知参数的真值，具有这种特性的估计量，称为无偏估计量。

定义 12.1 设 $\hat{\theta}(X_1, X_2, \cdots, X_n)$ 为未知参数 θ 的估计量，若

$$E(\hat{\theta}) = \theta \tag{12.9}$$

成立，则称 $\hat{\theta}$ 为 θ 的**无偏估计量**。

例 12.7 设总体的 X 的均值与方差存在，试证样本均值 $\bar{X}$ 与样本方差 S^2 分别是总体 X 的均值 μ 与方差 σ^2 的无偏估计量。

证 因为

$$E(\bar{X}) = E\left(\frac{1}{n}\sum_{i=1}^{n} X_i\right) = \frac{1}{n} E\left(\sum_{i=1}^{n} X_i\right) = \frac{1}{n}\sum_{i=1}^{n} E(X_i)$$

$$= \frac{1}{n}\sum_{i=1}^{n} \mu = \mu$$

$$E(S^2) = E\left[\frac{1}{n-1}\sum_{i=1}^{n}(X_i - \bar{X})^2\right] = \frac{1}{n-1} E\left[\sum_{i=1}^{n}(X_i - \bar{X})^2\right]$$

$$= \frac{1}{n-1} E\left[\sum_{i=1}^{n} X_i^2 - n\bar{X}^2\right] = \frac{1}{n-1}\left[\sum_{i=1}^{n} E(X_i^2) - nE(\bar{X}^2)\right]$$

$$= \frac{1}{n-1}\left\{\sum_{i=1}^{n}[D(X_i) + E^2(X_i)] - n[D(\bar{X}) + E^2(\bar{X})]\right\}$$

$$= \frac{1}{n-1}\left[n\sigma^2 + n\mu^2 - n\left(\frac{\sigma^2}{n} + \mu^2\right)\right]$$

$$= \frac{1}{n-1}(n\sigma^2 + n\mu^2 - \sigma^2 - n\mu^2)$$

$$= \frac{1}{n-1}(n-1)\sigma^2 = \sigma^2$$

所以样本方差 S^2 是总体方差 σ^2 的无偏估计量，而统计量

$$\frac{1}{n}\sum_{i=1}^{n}(X_i-\bar{X})^2 = \frac{n-1}{n}S^2$$

的数学期望为

$$E\left[\frac{1}{n}\sum_{i=1}^{n}(X_i-\bar{X})^2\right] = E\left(\frac{n-1}{n}S^2\right) = \frac{n-1}{n}E(S^2) = \frac{n-1}{n}\sigma^2 \neq \sigma^2$$

这说明该统计量不是总体方差的无偏估计量,这就是为什么通常取样本方差 S^2 作为总体方差 σ^2 的估计量的原因。

12.2.2 有效性

有时一个未知参数的无偏估计量不止一个,那么如何比较它们的好坏呢?为使估计的效果更好,当然希望估计值更接近于参数 θ 的真值,也就是希望估计量 $\hat{\theta}(X_1,X_2,\cdots,X_n)$ 与 θ 的真值的偏差越小越好。由于 $E(\hat{\theta})=\theta$,所以这种偏差的大小可用

$$E[(\hat{\theta}-\theta)^2] = D(\hat{\theta})$$

来衡量,故有下述定义。

定义 12.2 设 $\hat{\theta}_1(X_1,X_2,\cdots,X_n)$,$\hat{\theta}_2(X_1,X_2,\cdots,X_n)$ 是 θ 的两个无偏估计量,若

$$D(\hat{\theta}_1) \leq D(\hat{\theta}_2) \tag{12.10}$$

则称 $\hat{\theta}_1$ 较 $\hat{\theta}_2$ 有效。

例 12.8 取容量为 3 的样本 X_1,X_2,X_3,证明在均值 μ 的三个无偏估计量 $\hat{\mu}_1=\bar{X}=\frac{1}{3}\sum_{i=1}^{3}X_i$、$\hat{\mu}_2=\frac{1}{2}X_1+\frac{1}{3}X_2+\frac{1}{6}X_3$、$\hat{\mu}_3=X_1$ 中,$\hat{\mu}_1$ 较 $\hat{\mu}_2$、$\hat{\mu}_3$ 都更有效。

证 显然有

$$E(\bar{X}) = E(\hat{\mu}_2) = E(\hat{\mu}_3) = \mu$$

说明 $\hat{\mu}_1$、$\hat{\mu}_2$、$\hat{\mu}_3$ 都是 μ 的无偏估计量,但由于

$$D(\hat{\mu}_1) = D(\bar{X}) = D\left(\frac{1}{3}\sum_{i=1}^{3}X_i\right) = \frac{3}{9}\sigma^2 = \frac{1}{3}\sigma^2$$

$$D(\hat{\mu}_2) = D\left(\frac{1}{2}X_1+\frac{1}{3}X_2+\frac{1}{6}X_3\right) = \left(\frac{1}{4}+\frac{1}{9}+\frac{1}{36}\right)\sigma^2 = \frac{14}{36}\sigma^2$$

$$D(\hat{\mu}_3) = D(X_1) = \sigma^2$$

则有 $D(\hat{\mu}_1) < D(\hat{\mu}_2) < D(\hat{\mu}_3)$。

这就证明了 $\hat{\mu}_1$ 较 $\hat{\mu}_2$、$\hat{\mu}_3$ 都更有效。

12.2.3 一致性

我们希望一个估计是无偏的,且具有较小的方差。有时还希望当样本容量无限增大时,即观测次数无限增多时,估计能在某种意义下越来越接近于被估计的参数的真实值,这就是所谓一致性要求。

定义 12.3 设 $\hat{\theta}(X_1,X_2,\cdots,X_n)$ 是未知参数 θ 的估计量。若对任意 $\varepsilon>0$,都有
$$\lim_{n\to\infty}P(|\hat{\theta}-\theta|<\varepsilon)=1 \tag{12.11}$$
则称 $\hat{\theta}$ 是 θ 的**一致估计量**或**相合估计量**,也称估计量 $\hat{\theta}$ 具有**一致性**或**相合性**。可以证明,样本均值、样本方差分别是总体均值、方差的一致估计量。一般来说,矩估计量都具有一致性。

一致性是对一个估计量的基本要求,若估计量不具有一致性,那么不论将样本容量 n 取多大,都不能将 θ 估计得足够准确,这样的估计量是不可取的。

12.3 区 间 估 计

设总体 X 的分布函数 $F(x,\theta)$ 中的 θ 为未知参数,$X_1,X_2,\cdots,X_n$ 为其一个样本,在实际问题中,有时仅给出 θ 的一个估计值并没有什么价值,对于 θ 不仅需要求出它的估计值,往往还需要按给定的可靠程度(置信度)估计出它的误差范围,也就是估计参数 θ 真值所在的范围,同时给出该范围包含 θ 的概率,这个范围通常用区间形式表示,所以又称参数的区间估计。

下面引入置信区间的定义。

定义 12.4 设 θ 为总体 X 的分布的一个未知参数,如果对于给定的 $1-\alpha(0<\alpha<1)$ 能由样本确定出两个统计量 $\underline{\theta}=\underline{\theta}(X_1,\cdots,X_n)$ 与 $\overline{\theta}=\overline{\theta}(X_1,\cdots,X_n)$,使得对一切 θ,都有
$$P(\underline{\theta}\leqslant\theta\leqslant\overline{\theta})\geqslant 1-\alpha \tag{12.12}$$
成立,并用这个随机区间 $[\underline{\theta},\overline{\theta}]$ 作为参数 θ 的估计,则称 $[\underline{\theta},\overline{\theta}]$ 为参数 θ 的**双侧 $1-\alpha$ 置信区间**,称 $1-\alpha$ 为**置信水平**或**置信度**,称 $\underline{\theta}$ 和 $\overline{\theta}$ 分别为**双侧置信下限**和**双侧置信上限**。一旦样本有观测值 $x_1,x_2,\cdots,x_n$,则称相应的 $[\underline{\theta}(x_1,x_2,\cdots,x_n),\overline{\theta}(x_1,x_2,\cdots,x_n)]$ 为置信区间的观测值。

几点说明如下:

(1) 当 X 是连续型随机变量时,对于给定的 $1-\alpha(0<\alpha<1)$,我们总是按 $P(\underline{\theta}<\theta<\overline{\theta})=1-\alpha$ 求出置信区间;当 X 是离散型随机变量时,对于给定的 $1-\alpha(0<\alpha<1)$,常常找不到区间 $[\underline{\theta},\overline{\theta}]$ 使得 $P(\underline{\theta}<\theta<\overline{\theta})$ 恰为 $1-\alpha$,此时我们去找区间 $[\underline{\theta},\overline{\theta}]$ 使得 $P(\underline{\theta}<\theta<\overline{\theta})$ 至少为 $1-\alpha$,且尽可能地接近 $1-\alpha$。

(2) 当取 $1-\alpha=0.95$ 时,参数 θ 的置信水平为 0.95 置信区间的意思是:取 1000 组容量为 n 的样本观测值所确定的 1000 个置信区间 $[\underline{\theta},\overline{\theta}]$,其中约有 950 个区间含有 θ 的

真值，约有 50 个区间不含有 θ 的真值；或者说由一样本 $X_1,X_2,\cdots,X_n$ 所确定的一个置信区间 $[\underline{\theta}(X_1,X_2,\cdots,X_n),\overline{\theta}(X_1,X_2,\cdots,X_n)]$ 中含有 θ 的真值的可能性为 95%。

(3) 区间的长度 $\overline{\theta}-\underline{\theta}$ 反映了区间估计的精确程度，即精度。在同一区间估计中，我们自然希望置信度越大越好，反映精度的区间长度越短越好，但在实际问题中，二者常常不能同时兼顾，从而考虑在一定的置信度下使区间的长度最短。

对于未知参数 θ，我们给出两个统计量 $\underline{\theta}$、$\overline{\theta}$，得到 θ 的双侧置信区间 $[\underline{\theta},\overline{\theta}]$。但在某些实际问题中，例如，对于设备、元器件的寿命来说，平均寿命长是我们所希望的，我们关心的是平均寿命 θ 的"下限"；与之相反，在考虑化学药品中杂质含量的均值 μ 时，我们常关心参数 μ 的"上限"。这就引出了单侧置信区间的概念。

定义 12.5 对于给定值 $\alpha(0<\alpha<1)$，若由样本 $X_1,X_2,\cdots,X_n$ 确定的统计量 $\underline{\theta}=\underline{\theta}(X_1,X_2,\cdots,X_n)$ 对于任意的 θ 都满足 $P(\theta>\underline{\theta})\geq 1-\alpha$，则称随机区间 $(\underline{\theta},\infty)$ 是 θ 的置信水平为 $1-\alpha$ 的**单侧置信区间**，$\underline{\theta}$ 称为 θ 的置信水平为 $1-\alpha$ 的**单侧置信下限**。

又若统计量 $\overline{\theta}=\overline{\theta}(X_1,X_2,\cdots,X_n)$ 对于任意的 θ 都满足 $P(\theta<\overline{\theta})\geq 1-\alpha$，则称随机区间 $(-\infty,\overline{\theta})$ 是 θ 的置信水平为 $1-\alpha$ 的**单侧置信区间**，$\overline{\theta}$ 称为 θ 的置信水平为 $1-\alpha$ 的**单侧置信上限**。

例 12.9 设总体 $X \sim N(\mu,\sigma^2)$，σ^2 为已知，μ 为未知，设 $X_1,X_2,\cdots,X_n$ 是来自总体 X 样本，求

(1) μ 的置信水平为 $1-\alpha$ 的双侧置信区间；

(2) μ 的置信水平为 $1-\alpha$ 的单侧置信上、下限。

解 因为 $\overline{X} \sim N\left(\mu,\dfrac{\sigma^2}{n}\right)$，从而得 $\dfrac{\overline{X}-\mu}{\sigma/\sqrt{n}} \sim N(0,1)$。

(1) 对于给定的 $\alpha(0<\alpha<1)$，由 R 计算得到分位点 $z_{\frac{\alpha}{2}}$，使得 $P\left(-u_{\frac{\alpha}{2}} \leq \dfrac{\overline{X}-\mu}{\sigma_0/\sqrt{n}} \leq u_{\frac{\alpha}{2}}\right) = 1-\alpha$，即 $P\left(\overline{X}-u_{\frac{\alpha}{2}}\dfrac{\sigma_0}{\sqrt{n}} \leq \mu \leq \overline{X}+u_{\frac{\alpha}{2}}\dfrac{\sigma_0}{\sqrt{n}}\right)=1-\alpha$。

取 $\underline{\theta}=\underline{\theta}(X_1,X_2,\cdots,X_n)=\overline{X}-u_{\frac{\alpha}{2}}\dfrac{\sigma_0}{\sqrt{n}}$，$\overline{\theta}=\overline{\theta}(X_1,X_2,\cdots,X_n)=\overline{X}+u_{\frac{\alpha}{2}}\dfrac{\sigma_0}{\sqrt{n}}$

则 $[\underline{\theta},\overline{\theta}]=[\overline{X}-u_{\frac{\alpha}{2}}\dfrac{\sigma_0}{\sqrt{n}},\overline{X}+u_{\frac{\alpha}{2}}\dfrac{\sigma_0}{\sqrt{n}}]$ 为 μ 的一个置信水平为 $1-\alpha$ 的双侧置信区间。

若取得样本观测值 $x_1,x_2,\cdots,x_n$，得双侧置信区间的一个观测值为 $[\underline{\theta},\overline{\theta}]=\left[\overline{x}-u_{\frac{\alpha}{2}}\dfrac{\sigma_0}{\sqrt{n}},\overline{x}+u_{\frac{\alpha}{2}}\dfrac{\sigma_0}{\sqrt{n}}\right]$，其含义是"该区间包含 u"这一陈述的可信程度为 $1-\alpha$ 或者以此区间中任一值作为 u 的近似值，其误差不大于 $2\times u_{\frac{\alpha}{2}}\dfrac{\sigma_0}{\sqrt{n}}$，这个误差估计的置信水平为 $1-\alpha$。

(2) 对于给定的 $\alpha(0<\alpha<1)$，由 $P\left(\dfrac{\overline{X}-\mu}{\sigma_0/\sqrt{n}} \leq u_{\alpha}\right)=1-\alpha$，$P\left(\dfrac{\overline{X}-\mu}{\sigma_0/\sqrt{n}} \geq -u_{\alpha}\right)=1-\alpha$，易知

μ 的单侧 $1-\alpha$ 置信上限为 $\overline{\theta} = \overline{\theta}(X_1, X_2, \cdots, X_n) = \overline{X} + u_\alpha \dfrac{\sigma_0}{\sqrt{n}}$，置信下限为 $\underline{\theta}(X_1, X_2, \cdots, X_n) = \overline{X} - u_\alpha \dfrac{\sigma_0}{\sqrt{n}}$。

还需要说明的是，μ 的置信水平为 $1-\alpha$ 的置信区间不是唯一的。例如，由 $P\left(-u_{\frac{4}{5}\alpha} \leqslant \dfrac{\overline{X}-\mu}{\sigma_0/\sqrt{n}} \leqslant u_{\frac{\alpha}{5}}\right) = 1-\alpha$，有 $P\left(\overline{X} - u_{\frac{4}{5}\alpha}\dfrac{\sigma_0}{\sqrt{n}} \leqslant \mu \leqslant \overline{X} + u_{\frac{\alpha}{5}}\dfrac{\sigma_0}{\sqrt{n}}\right) = 1-\alpha$，可得 μ 的另一个置信水平为 $1-\alpha$ 的置信区间 $[\underline{\theta},\overline{\theta}] = \left[\overline{X} - u_{\frac{4}{5}\alpha}\dfrac{\sigma_0}{\sqrt{n}}, \overline{X} + u_{\frac{\alpha}{5}}\dfrac{\sigma_0}{\sqrt{n}}\right]$。若取 $\alpha = 0.05$，则上述两个置信区间的长度分别为

$$L_1 = \left(\overline{X} + u_{\frac{\alpha}{2}}\dfrac{\sigma_0}{\sqrt{n}}\right) - \left(\overline{X} - u_{\frac{\alpha}{2}}\dfrac{\sigma_0}{\sqrt{n}}\right) = 2 \times u_{\frac{\alpha}{2}}\dfrac{\sigma_0}{\sqrt{n}} = 2 \times 1.96 \dfrac{\sigma_0}{\sqrt{n}} = 3.92 \dfrac{\sigma_0}{\sqrt{n}}$$

$$L_2 = \left(\overline{X} + u_{\frac{\alpha}{5}}\dfrac{\sigma_0}{\sqrt{n}}\right) - \left(\overline{X} - u_{\frac{4}{5}\alpha}\dfrac{\sigma_0}{\sqrt{n}}\right) = (u_{\frac{4}{5}\alpha} + u_{\frac{\alpha}{5}})\dfrac{\sigma_0}{\sqrt{n}} = (1.75 + 2.33)\dfrac{\sigma_0}{\sqrt{n}} = 4.08 \dfrac{\sigma_0}{\sqrt{n}}$$

显然，$L_2 > L_1$。但在置信水平一定的情况下，置信区间长度越短，精度越高，所以习惯上取对称的上 α 点求未知参数的 $1-\alpha$ 置信区间。

综上所述，可以得到寻求未知参数 θ 的置信水平 $1-\alpha$ 的置信区间的具体步骤如下：

(1) 寻求一个样本 $X_1, X_2, \cdots, X_n$ 的函数 $W = W(X_1, X_2, \cdots, X_n; \theta)$，它包含待估参数 θ，而不含其他未知参数，且 W 的分布已知且不依赖于任何未知参数（当然不依赖于待估参数 θ）。

(2) 对于给定的置信水平 $1-\alpha$，定出两个常数 a、b，使得 $P(a < W(X_1, X_2, \cdots, X_n; \theta) < b) \geqslant 1-\alpha$。一般而言，$a$、$b$ 为常见分布的分位点。

(3) 若能从 $a < W(X_1, X_2, \cdots, X_n; \theta) < b$ 得到等价的不等式 $\underline{\theta} \leqslant \theta \leqslant \overline{\theta}$，其中，$\underline{\theta} = \underline{\theta}(X_1, \cdots, X_n)$、$\overline{\theta} = \overline{\theta}(X_1, \cdots, X_n)$ 都是统计量，那么 $[\underline{\theta}, \overline{\theta}]$ 为参数 θ 的一个双侧 $1-\alpha$ 置信区间。

在形式上，只需将步骤(2)中的 $P(a < W(X_1, X_2, \cdots, X_n; \theta) < b) \geqslant 1-\alpha$ 进行修正，就可用来求 θ 的置信水平为 $1-\alpha$ 的单侧置信区间。

12.4 正态总体均值与方差的区间估计

本书仅研究单个正态总体 $N(\mu, \sigma^2)$ 的均值与方差的 $1-\alpha$ 置信区间的求法，并设 $X_1, X_2, \cdots, X_n$ 为来自正态总体 $N(\mu, \sigma^2)$ 的容量为 n 的样本，根据 12.3 节中介绍的求置信区间的步骤可分别求得如下的置信区间。

12.4.1 正态总体均值 μ 的置信区间

1. 已知总体方差 $\sigma^2 = \sigma_0^2$，对 μ 进行区间估计

由例 12.9，可得 μ 的一个置信水平为 $1-\alpha$ 双侧置信区间为

$$[\underline{\theta},\overline{\theta}] = \left[\overline{X} - u_{\frac{\alpha}{2}}\frac{\sigma_0}{\sqrt{n}}, \overline{X} + u_{\frac{\alpha}{2}}\frac{\sigma_0}{\sqrt{n}}\right] \qquad (12.13)$$

μ 的单侧 $1-\alpha$ 置信上限为 $\overline{\theta} = \overline{\theta}(X_1, X_2, \cdots, X_n) = \overline{X} + u_\alpha \frac{\sigma_0}{\sqrt{n}}$，置信下限为 $\underline{\theta}(X_1, X_2, \cdots, X_n) = \overline{X} - u_\alpha \frac{\sigma_0}{\sqrt{n}}$。

例 12.10 某车间生产滚珠，从长期实践中知道，滚珠直径 X 可以认为服从正态分布，且标准差 $\sigma = 0.05$。从某天生产的产品中随机抽取 6 个，量得直径（单位：mm）分别为 14.93、15.08、14.98、14.85、15.15、15.01，试对 $\alpha = 0.05$ 求滚珠平均直径 μ 的置信区间。

解 计算得 $\overline{x} = 15$，可用 R 计算得到 $u_{\frac{\alpha}{2}} = u_{0.025} = 1.96$，计算得

$$\underline{\theta} = \overline{x} - u_{\frac{\alpha}{2}}\frac{\sigma_0}{\sqrt{n}} = 15 - 1.96 \times \frac{0.05}{\sqrt{6}} = 14.96$$

$$\overline{\theta} = \overline{x} + u_{\frac{\alpha}{2}}\frac{\sigma_0}{\sqrt{n}} = 15 + 1.96 \times \frac{0.05}{\sqrt{6}} = 15.04$$

所以，滚珠平均直径 μ 的置信水平为 95% 的一个双侧置信区间估计值为 [14.96, 15.04]。对于 [14.96, 15.04]，它已不具有随机性，它要么包含了参数 μ 的真值，要么没有包含，不能说它包含 μ 的概率是 0.95，也不能写成 $P(14.06 \leq \mu \leq 15.04) = 0.95$，通常说滚珠平均直径在 14.96mm 与 15.04mm 之间，这个估计的可信程度为 95%，若以此区间内任一值作为 μ 的近似值，其误差不大于 $1.96 \times \frac{0.05}{\sqrt{6}} \times 2 = 0.08$ (mm)，这个误差估计的可信程度为 95%。

计算的 R 代码和结果如下：

```
> x<-c(14.93,15.08,14.98,14.85,15.15,15.01)
> xb<-mean(x)
> n<-length(x)
> sigma<-0.05
> q<-qnorm(1-0.025)
> LCI<-xb-q*sigma/sqrt(n)
> LCI
[1] 14.95999
> UCI<-xb+q*sigma/sqrt(n)
> UCI
[1] 15.04001
```

2. σ^2 未知，求 μ 的置信区间

当方差 σ^2 未知时，可用样本方差 S^2 估计 σ^2，由抽样分布知道

第 12 章 参数估计

$$\frac{\overline{X}-\mu}{S/\sqrt{n}} \sim t(n-1)$$

对于给定置信水平 $1-\alpha(0<\alpha<1)$，在由 R 可计算得自由度为 $n-1$ 对应的分位点值 $t_{\frac{\alpha}{2}}(n-1)$，使得 $P(-t_{\frac{\alpha}{2}}(n-1)<\frac{\overline{X}-\mu}{S/\sqrt{n}}<t_{\frac{\alpha}{2}}(n-1))=1-\alpha$，即

$$P\left(\overline{X}-\frac{S}{\sqrt{n}}t_{\frac{\alpha}{2}}(n-1)<\mu<\overline{X}+\frac{S}{\sqrt{n}}t_{\frac{\alpha}{2}}(n-1)\right)=1-\alpha$$

取 $\underline{\theta}=\underline{\theta}(X_1,X_2,\cdots,X_n)=\overline{X}-t_{\frac{\alpha}{2}}(n-1)\frac{S}{\sqrt{n}}$，$\overline{\theta}=\overline{\theta}(X_1,X_2,\cdots,X_n)=\overline{X}+t_{\frac{\alpha}{2}}(n-1)\frac{S}{\sqrt{n}}$ （12.14）

则 $[\underline{\theta},\overline{\theta}]$ 为 μ 的一个双侧 $1-\alpha$ 置信区间。

同理易知，μ 的单侧 $1-\alpha$ 置信上限为 $\overline{\theta}=\overline{\theta}(X_1,X_2,\cdots,X_n)=\overline{X}+t_{\alpha}(n-1)\frac{S}{\sqrt{n}}$，置信下限为 $\underline{\theta}(X_1,X_2,\cdots,X_n)=\overline{X}-t_{\alpha}(n-1)\frac{S}{\sqrt{n}}$。

例 12.11 随机地从一批钉子中抽取 16 枚，测得其长度(单位：cm)分别如下：

2.14，2.10，2.13，2.15，2.13，2.12，2.13，2.10，2.15，2.12，2.14，2.10，2.13，2.11，2.14，2.11

设钉子长度近似地服从正态分布，试求总体均值 μ 的置信水平为 0.90 的置信区间。

解 这里，$1-\alpha=0.90$，$\frac{\alpha}{2}=0.05$，$n-1=15$，$t_{0.05}(15)=1.7531$，由给出的数据算得 $\overline{x}=2.125$，$s=0.01713$，因此均值 μ 的一个置信水平为 0.90 的置信区间为

$$\left[2.125-\frac{0.01713}{\sqrt{16}}\times 1.7531, 2.125+\frac{0.01713}{\sqrt{16}}\times 1.7531\right]$$

即 $[2.1175, 2.1325]$。

其 R 代码和结果如下：

```
>x<-c(2.14,2.10,2.13,2.15,2.13,2.12,2.13,2.10,2.15,2.12,2.14,2.10,
2.13,2.11,2.14,2.11)
> xb<-mean(x)
> n<-length(x)
> mysd<-sd(x)
> q<-qt(1-0.05,n-1)
> LCI<-xb-q*mysd/sqrt(n)
> LCI
[1] 2.117494
> UCI<-xb+q*mysd/sqrt(n)
> UCI
[1] 2.132506
```

12.4.2 正态总体方差 σ^2 的置信区间

1. μ 已知,求 σ^2 的置信区间

由抽样分布知道

$$\frac{\sum_{i=1}^{n}(X_i - \mu)^2}{\sigma^2} \sim \chi^2(n)$$

对于给定的置信水平 $1-\alpha$,$0<\alpha<1$,由 R 可计算自由度为 n 的两个分位点值 $\chi^2_{\frac{\alpha}{2}}(n)$ 和 $\chi^2_{1-\frac{\alpha}{2}}(n)$,使得

$$P\left(\chi^2_{1-\frac{\alpha}{2}}(n) \leqslant \frac{\sum_{i=1}^{n}(X_i - \mu)^2}{\sigma^2} \leqslant \chi^2_{\frac{\alpha}{2}}(n)\right) = 1-\alpha$$

即

$$P\left(\frac{\sum_{i=1}^{n}(X_i - \mu)^2}{\chi^2_{\frac{\alpha}{2}}(n)} \leqslant \sigma^2 \leqslant \frac{\sum_{i=1}^{n}(X_i - \mu)^2}{\chi^2_{1-\frac{\alpha}{2}}(n)}\right) = 1-\alpha$$

取

$$\underline{\theta} = \underline{\theta}(X_1, X_2, \cdots, X_n) = \frac{\sum_{i=1}^{n}(X_i - \mu)^2}{\chi^2_{\frac{\alpha}{2}}(n)}, \quad \overline{\theta} = \overline{\theta}(X_1, X_2, \cdots, X_n) = \frac{\sum_{i=1}^{n}(X_i - \mu)^2}{\chi^2_{1-\frac{\alpha}{2}}(n)}$$

则 $[\underline{\theta}, \overline{\theta}]$ 为 σ^2 的一个双侧 $1-\alpha$ 置信区间。

易知 σ^2 的单侧 $1-\alpha$ 置信上限为

$$\overline{\theta} = \overline{\theta}(X_1, X_2, \cdots, X_n) = \frac{\sum_{i=1}^{n}(X_i - \mu)^2}{\chi^2_{1-\alpha}(n)} \tag{12.15}$$

置信下限为

$$\underline{\theta}(X_1, X_2, \cdots, X_n) = \frac{\sum_{i=1}^{n}(X_i - \mu)^2}{\chi^2_{\alpha}(n)} \tag{12.16}$$

例 12.12 为了了解一台测量长度的仪器的精度,取一根长为 30mm 的标准金属棒进行 6 次重复测量,结果如下(单位:mm):

30.1,29.9,29.8,30.3,30.2,29.6

假设测量值服从正态分布 $N(30,\sigma^2)$，求方差 σ^2 的置信水平为 0.95 的置信区间。

解 这里 $n=6$，$\mu=30$，容易计算得 $\sum_{i=1}^{n}(x_i-\mu)^2=0.35$，由 $\alpha=0.05$，可以用 R 计算得到 $\chi^2_{\frac{\alpha}{2}}(n)=\chi^2_{0.025}(6)=14.4494$，$\chi^2_{1-\frac{\alpha}{2}}(n)=\chi^2_{0.975}(6)=1.2375$，于是有

$$\underline{\theta}=\frac{0.35}{14.4494}=0.0242,\quad \overline{\theta}=\frac{0.35}{1.2375}=0.2828$$

所以方差 σ^2 的置信水平为 0.95 的一个双侧置信区间的估计值为 [0.0242, 0.2828]。

其 R 代码和结果如下：

```
> x<-c(30.1,29.9,29.8,30.3,30.2,29.6)
> mu<-30
> n<-length(x)
> q1<-qchisq(0.025,n)
> q2<-qchisq(0.975,n)
> s<-sum((x-mu)^2)
> LCI<-s/q2
> LCI
[1] 0.0242225
> UCI<-s/q1
> UCI
[1] 0.2828283
```

2. μ 未知，求 σ^2 的置信区间

σ^2 的无偏估计为 S^2，由此得

$$\frac{(n-1)S^2}{\sigma^2}\sim\chi^2(n-1)$$

对于给定的置信水平 $1-\alpha$（$0<\alpha<1$），由 R 可计算得自由度为 n 的两个分位点值 $\chi^2_{\frac{\alpha}{2}}(n-1)$ 和 $\chi^2_{1-\frac{\alpha}{2}}(n-1)$，使得

$$P\left(\chi^2_{1-\frac{\alpha}{2}}(n-1)\leqslant\frac{(n-1)S^2}{\sigma^2}\leqslant\chi^2_{\frac{\alpha}{2}}(n-1)\right)=1-\alpha$$

即

$$P\left(\frac{(n-1)S^2}{\chi^2_{\frac{\alpha}{2}}(n-1)}\leqslant\sigma^2\leqslant\frac{(n-1)S^2}{\chi^2_{1-\frac{\alpha}{2}}(n-1)}\right)=1-\alpha$$

取

$$\underline{\theta}=\underline{\theta}(X_1,X_2,\cdots,X_n)=\frac{(n-1)S^2}{\chi^2_{\frac{\alpha}{2}}(n-1)},\overline{\theta}=\overline{\theta}(X_1,X_2,\cdots,X_n)=\frac{(n-1)S^2}{\chi^2_{1-\frac{\alpha}{2}}(n-1)} \qquad (12.17)$$

则 $[\underline{\theta},\overline{\theta}]$ 为 σ^2 的一个双侧 $1-\alpha$ 置信区间。

易知 σ^2 的单侧 $1-\alpha$ 置信上限为 $\overline{\theta}=\overline{\theta}(X_1,X_2,\cdots,X_n)=\dfrac{(n-1)S^2}{\chi^2_{1-\alpha}(n-1)}$，置信下限为

$$\underline{\theta}(X_1,X_2,\cdots,X_n)=\dfrac{(n-1)S^2}{\chi^2_{\alpha}(n-1)} \tag{12.18}$$

另外，还可得到标准差 σ 的一个置信水平为 $1-\alpha$ 的置信区间

$$\left[\dfrac{\sqrt{n-1}S}{\sqrt{\chi^2_{\frac{\alpha}{2}}(n-1)}},\dfrac{\sqrt{n-1}S}{\sqrt{\chi^2_{1-\frac{\alpha}{2}}(n-1)}}\right] \tag{12.19}$$

例 12.13 求例 12.11 中总体标准差 σ 的置信水平为 0.95 的置信区间。

解 现在 $\dfrac{\alpha}{2}=0.025$，$1-\dfrac{\alpha}{2}=0.975$，$n-1=15$，由 R 可计算得 $\chi^2_{0.025}(15)=27.488$，$\chi^2_{0.975}(15)=6.262$。又 $s=6.2022$，由式 (12.19) 可得所求得标准差 σ 的一个置信水平为 0.95 的置信区间为 $[4.58, 9.60]$。

其 R 代码和结果如下：

```
> x<-c(506,508,499,503,504,510,497,512,514,505,493,496,506,502,509,496)
> n<-length(x)
> mysd<-sd(x)
> q1<-qchisq(0.025,n-1)
> q2<-qchisq(0.975,n-1)
> LCI<-sqrt(n-1)*mysd/sqrt(q2)
> LCI
[1] 4.581558
> UCI<-sqrt(n-1)*mysd/sqrt(q1)
> UCI
[1] 9.599013
```

表 12-1 给出了本节中正态总体 $N(\mu,\sigma^2)$ 下的双侧置信区间和单侧置信上、下限。

表 12-1 正态总体 $N(\mu,\sigma^2)$ 下的双侧置信区间和单侧置信上、下限

待估参数	其他参数	双侧置信区间	单侧置信上、下限
μ	σ^2 已知	$\left[\overline{X}-u_{\frac{\alpha}{2}}\dfrac{\sigma}{\sqrt{n}},\overline{X}+u_{\frac{\alpha}{2}}\dfrac{\sigma}{\sqrt{n}}\right]$	$\overline{\mu}=\overline{X}+u_{\alpha}\dfrac{\sigma_0}{\sqrt{n}}$，$\underline{\mu}=\overline{X}-u_{\alpha}\dfrac{\sigma_0}{\sqrt{n}}$
μ	σ^2 未知	$\left[\overline{X}-t_{\frac{\alpha}{2}}(n-1)\dfrac{S}{\sqrt{n}},\overline{X}+t_{\frac{\alpha}{2}}(n-1)\dfrac{S}{\sqrt{n}}\right]$	$\overline{\mu}=\overline{X}+t_{\alpha}(n-1)\dfrac{S}{\sqrt{n}}$，$\underline{\mu}=\overline{X}-t_{\alpha}(n-1)\dfrac{S}{\sqrt{n}}$
σ^2	μ 已知	$\left[\dfrac{\sum_{i=1}^{n}(X_i-\mu)^2}{\chi^2_{\frac{\alpha}{2}}(n)},\dfrac{\sum_{i=1}^{n}(X_i-\mu)^2}{\chi^2_{1-\frac{\alpha}{2}}(n)}\right]$	$\overline{\sigma^2}=\dfrac{\sum_{i=1}^{n}(X_i-\mu)^2}{\chi^2_{1-\alpha}(n)}$，$\underline{\sigma^2}=\dfrac{\sum_{i=1}^{n}(X_i-\mu)^2}{\chi^2_{\alpha}(n)}$
σ^2	μ 未知	$\left[\dfrac{(n-1)S^2}{\chi^2_{\frac{\alpha}{2}}(n-1)},\dfrac{(n-1)S^2}{\chi^2_{1-\frac{\alpha}{2}}(n-1)}\right]$	$\overline{\sigma^2}=\dfrac{(n-1)S^2}{\chi^2_{1-\alpha}(n-1)}$，$\underline{\sigma^2}=\dfrac{(n-1)S^2}{\chi^2_{\alpha}(n-1)}$

思考与练习

1. 什么是矩估计法？简述矩估计法的具体步骤。
2. 解释样本的似然函数。
3. 简述最大似然估计法的基本步骤。
4. 简述评价估计量好坏的标准。
5. 什么是参数 θ 的双侧 $1-\alpha$ 置信区间？如何理解置信水平 $1-\alpha$？
6. 简述求参数 θ 的双侧 $1-\alpha$ 置信区间的具体步骤。
7. 设总体 X 的概率密度函数为

$$f(x;\beta)=(\beta+1)x^{\beta},\ 0<x<1$$

从中获得样本 $X_1,X_2,\cdots,X_n$，求参数 β 的最大似然估计量与矩估计量，它们是否一致？今获得样本观测值为 0.3、0.8、0.27、0.35、0.62、0.55，试分别求出 β 的两个估计值。

8. 设 X_1、X_2 是取自 $N(\mu,1)$ 的一个容量为 2 的样本，试证明下列三个估计量均为 μ 的无偏估计：

$$\hat{\mu}_1=\frac{2}{3}X_1+\frac{1}{3}X_2,\ \hat{\mu}_2=\frac{1}{4}X_1+\frac{3}{4}X_2,\ \hat{\mu}_3=\frac{1}{2}(X_1+X_2)$$

并指出哪个估计量更有效。

9. 设有某种清漆的 9 个样品，其干燥时间(单位：h)分别为 6.0、5.7、5.8、6.5、7.0、6.3、5.6、6.1、5.0，设干燥时间总体服从正态分布 $N(\mu,\sigma^2)$。求 μ 的置信水平为 0.95 的置信区间。(1)若由以往经验知 $\sigma=0.6\text{h}$；(2)若 σ 为未知。

10. 已知某炼铁厂的铁水含碳量百分数正常情况下服从正态分布 $N(\mu,\sigma^2)$，且标准差 $\sigma=0.108$。现测量五炉铁水，其含碳量百分数分别是 4.28、4.4、4.42、4.35、4.37，试求未知参数 μ 的单侧置信水平为 0.95 的置信下限和置信上限。

11. 设 $X_1,X_2,\cdots,X_n$ 是取自正态总体 $N(6.5,\sigma^2)$ 的一个样本，σ 未知。有样本值 7.5、2.0、12.1、8.8、9.4、7.3、1.9、2.8、7.0、7.3，试求 σ^2 的置信水平为 0.95 的置信区间。

第13章 假设检验

在实际应用中，人们不仅需要依据样本 $X_1,X_2,\cdots,X_n$ 估计总体 X 的分布函数 $F(x,\theta)$ 的未知参数 θ 的具体取值，还需要依据样本 $X_1,X_2,\cdots,X_n$ 检验未知参数 θ 是否等于或大于某个数 θ_0。如在生产工艺改变后，检验新工艺对产品的某个指标是否有影响时，就需要抽样来检验总体的某个参数（如均值、方差）是否等于改变工艺前的参数值。这样的问题属于假设检验。假设检验也是统计推断的主要内容之一。与参数估计一样，如果总体的分布类型已知，检验问题仅涉及总体分布的未知参数，则这种检验称为参数假设检验。若总体的分布类型未知，检验是针对总体分布函数的类型或它的某些特征进行的，则这种检验称为非参数假设检验。本书仅讨论参数假设检验，并仅学习单个正态总体的均值与方差的假设检验。

13.1 假设检验的基本概念与原理

13.1.1 问题的提法

先看下面的例子。

例 13.1 某工厂金工车间生产一种铆钉，根据长期生产资料知，铆钉直径服从正态分布 $N(\mu_0,\sigma_0^2)$，其中 $\mu_0=2\text{cm}$，$\sigma_0=0.3\text{cm}$。为了提高产量，采用了新工艺，为检验新工艺的优劣，现从新工艺生产的铆钉中抽取 100 个测其直径，并算得样本均值为 $\bar{x}=1.94\text{cm}$。假设新工艺生产的铆钉直径仍服从正态分布，且其方差与以前的相同，试问采用新工艺前后生产的铆钉直径是否一样？能否采用新工艺？

分析 这个例子是要我们根据样本提供的信息 $\bar{x}=1.94\text{cm}$，在两个决定"不采用新工艺"和"采用新工艺"中选择一个。根据题意，我们可以设新工艺生产的铆钉直径服从正态分布 $N(\mu,\sigma_0^2)$，其均值 μ 未知。如果我们能判断 $\mu=\mu_0=2\text{cm}$，那么采用新工艺生产的铆钉直径的分布就与采用旧工艺生产的完全相同，而采用新工艺又能提高产量，因此应采用新工艺进行生产；若 $\mu\neq\mu_0$，就不采用新工艺。这样对新工艺的两种抉择就分别转化为对总体（指采用新工艺生产的铆钉直径的全体）分布参数 μ 的两种假设 "$\mu=\mu_0$" 和 "$\mu\neq\mu_0$"，分别记为

$$H_0:\ \mu=\mu_0\ \text{和}\ H_1:\ \mu\neq\mu_0$$

这样，本例的两种假设可以分别写成

$$H_0:\ \mu=\mu_0=2\text{cm},\ H_1:\ \mu\neq\mu_0=2\text{cm}$$

这里提出的问题是：如何利用样本在"接受H_0"和"否定H_0"中选择一个。这种由样本对总体所服从分布的参数进行抉择的问题就称为假设检验问题。

13.1.2 假设检验的方法及其基本原理

1. 假设检验的基本方法

如何进行假设检验？我们将围绕例13.1的分析给出如下步骤。

(1) 确定拒绝H_0的表现形式

由于要检验的假设涉及总体均值μ，故首先想到是否可借助样本均值$\bar{X}$这一统计量来进行判断。我们知道，$\bar{X}$是μ的无偏估计，$\bar{X}$的观测值$\bar{x}$的大小在一定程度上反映了μ的大小，因此，如果假设H_0为真，则观测值$\bar{x}$与μ_0的偏差$|\bar{x}-\mu_0|$一般不应太大，也就是不显著。若$|\bar{x}-\mu_0|$过分大，我们就怀疑假设H_0的正确性而拒绝H_0，并考虑到当H_0为真时，$\dfrac{\bar{X}-\mu_0}{\sigma_0/\sqrt{n}} \sim N(0,1)$，而衡量$|\bar{x}-\mu_0|$的大小可归结为衡量$\dfrac{|\bar{x}-\mu_0|}{\sigma_0/\sqrt{n}}$的大小。

基于上面的想法，我们可适当选择一个正数k，当观测值$\bar{x}$满足$\dfrac{|\bar{x}-\mu_0|}{\sigma_0/\sqrt{n}} \geqslant k$时就认为$\bar{x}$与$\mu_0$之间存在着显著的差异而拒绝假设$H_0$；反之，当$\dfrac{|\bar{x}-\mu_0|}{\sigma_0/\sqrt{n}} < k$时就认为$\bar{x}$与$\mu_0$之间没有显著的差异而接受假设$H_0$。

我们把用于拒绝假设H_0的$\dfrac{|\bar{x}-\mu_0|}{\sigma_0/\sqrt{n}} \geqslant k$的区域称为假设$H_0$的拒绝区域，简称**拒绝域**。

上面的检验结论是根据样本观测值$\bar{x}$与μ_0之间的差异显著与否做出的。但由于样本的随机性，在下面两种情况下有可能做出判断。

第一种情况，在$H_0: \mu = \mu_0$为真时，虽然$\dfrac{|\bar{X}-\mu_0|}{\sigma_0/\sqrt{n}} \geqslant k$发生的可能性较小，但非绝对不可能发生，一旦发生由此做出拒绝H_0的检验结论，就犯了H_0实际为真而拒绝H_0的错误，我们把这种错误称为**第一类错误**，或称"以真当假"的错误，用$\alpha(0<\alpha<1)$表示犯**第一类错误的概率**，即

$$P(拒绝H_0 | H_0 为真) = \alpha \tag{13.1}$$

第二种情况，在$H_1: \mu \neq \mu_0$时，虽然$\dfrac{|\bar{X}-\mu_0|}{\sigma_0/\sqrt{n}} < k$发生的可能性较小，但也不是绝对不可能发生，一旦发生由此做出的接受H_0的检验结论，就犯了H_0实际不为真而接受H_0的错误。我们把这种错误称为**第二类错误**，或"以假当真"的错误，用$\beta(0<\beta<1)$表示犯**第二类错误的概率**，即

$$P(接受H_0|H_0为假) = \beta \tag{13.2}$$

我们当然希望犯两类错误的概率越小越好，但实际上在样本的容量一定时这是实现不了的。这是因为在样本容量一定时，若 k 取小了，则即使在 $H_0: \mu = \mu_0$ 为真时，也会使 $\dfrac{|\bar{X} - \mu_0|}{\sigma_0/\sqrt{n}} \geq k$ 发生的可能性增大，从而增大拒绝假设 H_0 的可能性，即增大了犯第一类错误的概率；相反地，若 k 取大了，即使在 $H_1: \mu \neq \mu_0$ 时，也会使 $\dfrac{|\bar{X} - \mu_0|}{\sigma_0/\sqrt{n}} < k$ 发生的可能性增大，从而增大接受假设 H_0 的可能性，也就增大了犯第二类错误的概率。由此可见，在样本一定时，无论 k 怎样取值，都不会使犯两类错误的概率同时减小，这就说明了犯两类错误的概率在样本一定时是不可能同时减小的。

那么，究竟 k 应取多大，当 $\dfrac{|\bar{X} - \mu_0|}{\sigma_0/\sqrt{n}} \geq k$ 发生时，才能认为 $\bar{x}$ 与 μ_0 之间有显著差异，由此推断 μ 与 μ_0 之间有显著差异而拒绝 H_0？接下来我们就来介绍确定 k 的依据及其求法。

(2) 确定 k 的大小

要建立犯两类错误的概率都任意小的检验准则是不可能的，因此，在习惯上处理这类问题的方法通常是在样本容量一定时，控制可能犯第一类错误的概率，即根据所要检验的假设的特点和实际问题的要求，选定犯第一类错误的概率的一个上界 $\alpha(0 < \alpha < 1)$，对于给定的 n 和 α 来选择检验拒绝域，使检验犯第一类错误的概率不大于 α，即

$$P(拒绝H_0|H_0为真) \leq \alpha \tag{13.3}$$

α 通常取较小的数（一般取 $\alpha = 0.1$、0.05、0.01），在这里我们把 α 称为**检验的显著性水平**，简称**水平**。这种只对犯第一类错误的概率加以控制，而不考虑犯第二类错误的概率的检验，称为**显著性检验**。

对于例 13.1，为了确定 k 值，我们考虑统计量 $\dfrac{\bar{X} - \mu_0}{\sigma_0/\sqrt{n}}$。由于只允许犯这类错误的概率最大为 α，将式 (13.3) 取等号，即

$$P(拒绝H_0|H_0为真) = P\left(\left|\dfrac{\bar{X} - \mu_0}{\sigma_0/\sqrt{n}}\right| \geq k\right) = \alpha$$

所以当 H_0 为真时，$U = \dfrac{\bar{X} - \mu_0}{\sigma_0/\sqrt{n}} \sim N(0,1)$，由标准正态分布分位点（如图 13-1 所示）的定义可得 $\alpha = 0.05$。

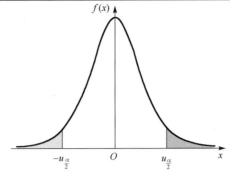

图 13-1　标准正态分布分位点

在这里，称 $U = \dfrac{\bar{X} - \mu_0}{\sigma_0 / \sqrt{n}}$ 为**检验统计量**，$k = u_{\frac{\alpha}{2}}$ 为**检验临界点**。

(3) 对假设做出检验结论

① 当样本均值 $\bar{x}$ 使 $\dfrac{|\bar{x} - \mu_0|}{\sigma_0 / \sqrt{n}} \geq u_{\frac{\alpha}{2}}$ 时，在水平 α 下认为 μ 与 μ_0 之间有显著差异而拒绝 H_0（此时可能犯第一类错误）。

② 当样本均值 $\bar{x}$ 使 $\dfrac{|\bar{x} - \mu_0|}{\sigma_0 / \sqrt{n}} < u_{\frac{\alpha}{2}}$ 时，在水平 α 下认为 μ 与 μ_0 之间没有显著差异而接受 H_0（此时可能犯第二类错误）。

例如，在例 13.1 中取 $\alpha = 0.05$，由 R 可计算得到临界值 $k = u_{\frac{\alpha}{2}} = u_{0.025} = 1.96$。

已知 $\mu_0 = 2$，$\sigma_0 = 0.3$，$n = 100$，$\bar{x} = 1.94$，将这些数据代入检验统计量，可得

$$\dfrac{|\bar{x} - \mu_0|}{\sigma_0 / \sqrt{n}} = 2.00 > u_{\frac{\alpha}{2}} = 1.96$$

所以否定 H_0，这就意味着不能采用新工艺。

2. 假设检验的基本原理

上面所采用的检验法则是符合实际推断原理的。通常 α 总是取得较小，因而当 H_0 为真，即当 $\mu = \mu_0$ 时，由上述讨论，$P\left(\dfrac{|\bar{X} - \mu_0|}{\sigma_0 / \sqrt{n}} \geq u_{\frac{\alpha}{2}} \right) = \alpha$，从而 $\dfrac{|\bar{X} - \mu_0|}{\sigma_0 / \sqrt{n}} \geq u_{\frac{\alpha}{2}}$ 是一个小概率事件。根据实际推断原理可以认为，如果 H_0 为真，则由一次试验得到的观测值 $\bar{x}$ 满足不等式 $\dfrac{|\bar{x} - \mu_0|}{\sigma_0 / \sqrt{n}} \geq u_{\frac{\alpha}{2}}$ 几乎是不会发生的。现在在一次观测中竟然出现了满足 $\dfrac{|\bar{x} - \mu_0|}{\sigma_0 / \sqrt{n}} \geq u_{\frac{\alpha}{2}}$ 的 $\bar{x}$，则我们有理由怀疑原来的假设 H_0 的正确性。若出现的观测值 $\bar{x}$ 满足 $\dfrac{|\bar{x} - \mu_0|}{\sigma_0 / \sqrt{n}} < u_{\frac{\alpha}{2}}$，则没有理由拒绝假设 H_0，因此只能接受假设 H_0。

3. 假设检验的三种类型

前面的检验问题通常叙述成：在显著性水平 α 下，检验假设

$$H_0: \mu = \mu_0, \ H_1: \mu \neq \mu_0$$

也常说成"在显著性水平 α 下，针对 H_1 检验 H_0"。其中，H_0 称为原假设或零假设，H_1 称为备择假设（意指在原假设被拒绝后可供选择的假设）。形如上述的假设检验称为**双边假设检验**。

有时，我们只关心总体均值是否增大，如试验新工艺以提高材料的强度时，所考虑的总体的均值应该越大越好，如果我们能判断在新工艺下总体均值较以往生产的大，则可考虑采用新工艺。此时，我们需要检验假设

$$H_0: \mu \leq \mu_0, \ H_1: \mu > \mu_0$$

形如这样的假设检验称为**右边检验**。类似地，有时我们需要检验假设

$$H_0: \mu \geq \mu_0, \ H_1: \mu < \mu_0$$

我们称这样的假设检验为**左边检验**。

这里有一个有用的结论：当显著性水平均为 α 时，$H_0: \mu \leq \mu_0, H_1: \mu > \mu_0$ 和 $H_0: \mu = \mu_0$，$H_1: \mu > \mu_0$ 或者 $H_0: \mu \geq \mu_0, H_1: \mu < \mu_0$ 和 $H_0: \mu = \mu_0, H_1: \mu < \mu_0$ 有相同的拒绝域。

虽然 $H_0: \mu = \mu_0, H_1: \mu > \mu_0$ 和 $H_0: \mu \leq \mu_0, H_1: \mu > \mu_0$ 的原假设 H_0 的形式不同，意义也不同，但对于相同的显著性水平 α，它们的拒绝域相同。因此，第二类形式的检验问题可归结为第一类形式进行讨论。

综上，在给定检验的显著性水平 α 下，可得处理参数的假设检验问题的步骤如下：
(1) 根据实际问题的要求，提出原假设 H_0 及备择假设 H_1。
(2) 确定检验统计量以及拒绝域的形式。
(3) 按 $P(拒绝 H_0 | H_0 为真) \leq \alpha$ 求出拒绝域。
(4) 利用样本的观测值计算检验统计量的观测值，做出统计推断结论：若统计量的观测值落在拒绝域内，则在显著性水平为 α 时否定原假设 H_0，否则就接受 H_0。

13.2 单个正态总体参数的假设检验

正态总体分布是常用的分布，关于正态总体 $N(\mu, \sigma^2)$ 的两个参数 μ 与 σ^2 的假设检验问题是实际应用中常遇到的问题。下面分别就不同的情况来讨论正态总体 $N(\mu, \sigma^2)$ 的参数 μ 与 σ^2 的假设检验问题。由前面关于假设检验的一些讨论可知，假设检验的关键就是借助检验统计量构造检验的拒绝域。因此，在下面的讨论中着重给出检验统计量和显著性水平为 α 的拒绝域，并举例说明其应用。

因此，在本节的讨论中，总假定 $X_1, X_2, \cdots, X_n$ 是来自正态总体 $N(\mu, \sigma^2)$ 的样本，其

观测值记为 $x_1, x_2, \cdots, x_n$，则样本均值与样本方差分别为 $\bar{X} = \dfrac{1}{n}\sum\limits_{i=1}^{n} X_i$，$S^2 = \dfrac{1}{n-1}\sum\limits_{i=1}^{n}(X_i - \bar{X})^2$，其观测值分别为 $\bar{x} = \dfrac{1}{n}\sum\limits_{i=1}^{n} x_i$，$s^2 = \dfrac{1}{n-1}\sum\limits_{i=1}^{n}(x_i - \bar{x})^2$。

13.2.1 单个正态总体均值的假设检验

1. 方差 σ^2 已知，总体均值 μ 的检验

在 13.1 节中，我们已经讨论过正态总体 $N(\mu, \sigma^2)$ 在方差 σ^2 已知时其均值 μ 的双边假设检验问题

$$H_0: \mu = \mu_0, \quad H_1: \mu \neq \mu_0$$

其检验统计量为

$$U = \frac{\bar{X} - \mu_0}{\sigma_0 / \sqrt{n}} \tag{13.4}$$

其拒绝域为

$$\frac{|\bar{x} - \mu_0|}{\sigma_0 / \sqrt{n}} \geq u_{\frac{\alpha}{2}} \tag{13.5}$$

下面我们就按假设检验法的步骤先进行右边检验。

在显著性水平 α 下检验假设 $H_0: \mu = \mu_0$，$H_1: \mu > \mu_0$。

$\bar{X}$ 是 μ 的无偏估计，显然当 $H_1: \mu > \mu_0$ 为真时，$\bar{X}$ 的观测值 $\bar{x}$ 往往偏大，因此拒绝域的形式为

$$\bar{x} \geq k \Leftrightarrow \frac{\bar{x} - \mu_0}{\sigma / \sqrt{n}} \geq \frac{k - \mu_0}{\sigma / \sqrt{n}}$$

于是从控制犯第一类错误概率准则出发，对于给定的显著性水平 α，有

$$P(拒绝 H_0 | H_0 为真) \leq \alpha$$

而 $P(拒绝 H_0 | H_0 为真) = P(\bar{X} \geq k) = P\left(\dfrac{\bar{X} - \mu_0}{\sigma / \sqrt{n}} \geq \dfrac{k - \mu_0}{\sigma / \sqrt{n}}\right)$，要控制 $P(拒绝 H_0 | H_0 为真) \leq \alpha$，只需令 $P\left(\dfrac{\bar{X} - \mu_0}{\sigma / \sqrt{n}} \geq \dfrac{k - \mu_0}{\sigma / \sqrt{n}}\right) = \alpha$，因为在 $\mu = \mu_0$ 为真且 σ^2 已知时，统计量 $U = \dfrac{\bar{X} - \mu_0}{\sigma_0 / \sqrt{n}} \sim N(0,1)$，得到 $\dfrac{k - \mu_0}{\sigma / \sqrt{n}} = u_\alpha$。得到检验问题的拒绝域

$$\frac{\bar{x} - \mu_0}{\sigma / \sqrt{n}} \geq u_\alpha \tag{13.6}$$

类似地，可得左边检验问题

$$H_0: \mu = \mu_0, \ H_1: \mu < \mu_0$$

的拒绝域为

$$\frac{\bar{x} - \mu_0}{\sigma / \sqrt{n}} \leq -u_\alpha \tag{13.7}$$

2. 方差 σ^2 未知，总体均值 μ 的检验

在显著性水平 α 下检验假设 $H_0: \mu = \mu_0, \ H_1: \mu \neq \mu_0$。

由于 σ^2 未知，现在不能用 $U = \dfrac{\bar{X} - \mu_0}{\sigma_0 / \sqrt{n}}$ 来确定拒绝域了，注意到 S^2 是 σ^2 的无偏估计，我们用 S 来代替 σ，采用

$$T = \frac{\bar{X} - \mu_0}{S / \sqrt{n}} \tag{13.8}$$

作为检验统计量。

仿照前面的推导，不难得到拒绝域的形式为

$$\left| \frac{\bar{x} - \mu_0}{s / \sqrt{n}} \right| \geq k$$

因为当 H_0 为真时，$T = \dfrac{\bar{X} - \mu_0}{S / \sqrt{n}} \sim t(n-1)$，故由 $P(拒绝 H_0 | H_0 为真) = P\left(\left| \dfrac{\bar{X} - \mu_0}{S / \sqrt{n}} \right| \geq k \right) = \alpha$

可得 $k = t_{\frac{\alpha}{2}}(n-1)$，即得拒绝域为

$$\left| \frac{\bar{x} - \mu_0}{s / \sqrt{n}} \right| \geq t_{\frac{\alpha}{2}}(n-1) \tag{13.9}$$

例 13.2 某种元器件的寿命 X（单位：h）服从正态分布 $N(\mu, \sigma^2)$，μ、σ^2 均未知，现测得 16 只元器件的寿命如下：

159，280，101，212，224，379，179，264，222，362，168，250，149，260，485，170

问是否有理由认为元器件的寿命大于 225h？

解 按题意需检验

$$H_0: \mu = \mu_0 = 225, \ H_1: \mu > \mu_0 = 225$$

取 $\alpha = 0.05$，由表 13-1 可知此检验问题的拒绝域为

$$t = \frac{\bar{x} - \mu_0}{s / \sqrt{n}} \geq t_\alpha(n-1)$$

现在 $n=16$, $t_{0.05}(15)=1.7531$, 又算得 $\bar{x}=241.5$, $s=98.7259$, 有

$$t = \frac{\bar{x}-\mu_0}{s/\sqrt{n}} = 0.6685 < 1.7531$$

t 没有落在拒绝域中,故接受 H_0,即认为元器件的平均寿命不大于 225h。

其 R 代码和结果如下:

```
> x<-c(159,280,101,212,224,379,179,264,222,362,168,250,149,260,485,170)
> n<-length(x)
> xb<-mean(x)
> mysd<-sd(x)
> q<-qt(0.95,n-1)
> mu<-225
> t0<-(xb-mu)/(mysd/sqrt(n))
> t0
[1] 0.6685177
> q
[1] 1.75305
```

表 13-1 单个正态总体均值、方差检验的检验法(显著性水平为 α)

	原假设 H_0	检验统计量	备择假设 H_1	拒绝域
1	$\mu=\mu_0$ ($\sigma^2=\sigma_0^2$ 已知)	$U=\dfrac{\bar{X}-\mu_0}{\sigma_0/\sqrt{n}}$	$\mu>\mu_0$	$u=\dfrac{\bar{x}-\mu_0}{\sigma_0/\sqrt{n}} \geq u_\alpha$
			$\mu<\mu_0$	$u=\dfrac{\bar{x}-\mu_0}{\sigma_0/\sqrt{n}} \leq -u_\alpha$
			$\mu \neq \mu_0$	$|u|=\left|\dfrac{\bar{x}-\mu_0}{\sigma_0/\sqrt{n}}\right| \geq u_{\frac{\alpha}{2}}$
2	$\mu=\mu_0$ (σ^2 未知)	$T=\dfrac{\bar{X}-\mu_0}{S/\sqrt{n}}$	$\mu>\mu_0$	$t=\dfrac{\bar{x}-\mu_0}{s/\sqrt{n}} \geq t_\alpha(n-1)$
			$\mu<\mu_0$	$t=\dfrac{\bar{x}-\mu_0}{s/\sqrt{n}} \leq -t_\alpha(n-1)$
			$\mu \neq \mu_0$	$|t|=\left|\dfrac{\bar{x}-\mu_0}{s/\sqrt{n}}\right| \geq t_{\alpha/2}(n-1)$
3	$\sigma^2=\sigma_0^2$ ($\mu=\mu_0$ 已知)	$\chi^2=\dfrac{\sum_{i=1}^{n}(X_i-\mu_0)^2}{\sigma_0^2}$	$\sigma^2>\sigma_0^2$	$\chi^2=\dfrac{\sum_{i=1}^{n}(x_i-\mu_0)^2}{\sigma_0^2} \geq \chi_\alpha^2(n)$
			$\sigma^2<\sigma_0^2$	$\chi^2=\dfrac{\sum_{i=1}^{n}(x_i-\mu_0)^2}{\sigma_0^2} \leq \chi_{1-\alpha}^2(n)$
			$\sigma^2 \neq \sigma_0^2$	$\chi^2=\dfrac{\sum_{i=1}^{n}(x_i-\mu_0)^2}{\sigma_0^2} \leq \chi_{1-\alpha/2}^2(n)$ 或 $\chi^2=\dfrac{\sum_{i=1}^{n}(x_i-\mu_0)^2}{\sigma_0^2} \geq \chi_{\alpha/2}^2(n)$

续表

	原假设 H_0	检验统计量	备择假设 H_1	拒绝域
4	$\sigma^2 = \sigma_0^2$ （μ 未知）	$\chi^2 = \dfrac{(n-1)S^2}{\sigma_0^2}$	$\sigma^2 > \sigma_0^2$	$\chi^2 = \dfrac{(n-1)s^2}{\sigma_0^2} \geq \chi_\alpha^2(n-1)$
			$\sigma^2 < \sigma_0^2$	$\chi^2 = \dfrac{(n-1)s^2}{\sigma_0^2} \leq \chi_{1-\alpha}^2(n-1)$
			$\sigma^2 \neq \sigma_0^2$	$\chi^2 = \dfrac{(n-1)s^2}{\sigma_0^2} \leq \chi_{1-\alpha/2}^2(n-1)$ 或 $\chi^2 = \dfrac{(n-1)s^2}{\sigma_0^2} \geq \chi_{\alpha/2}^2(n-1)$

13.2.2 单个正态总体方差的假设检验

我们只讨论正态总体均值 μ 未知时，在显著性水平 α 下检验假设

$$H_0: \sigma^2 = \sigma_0^2, \quad H_1: \sigma^2 \neq \sigma_0^2$$

其余类型的拒绝域由表 13-1 给出。

与前面讨论的 μ 的假设检验想法一样，我们可由 σ^2 的无偏估计量样本方差的估计值 s^2 与 σ_0^2 之间的差异显著与否来推断总体方差 σ^2 与 σ_0^2 之间是否有显著差异，所不同的是用比值 $\dfrac{s^2}{\sigma_0^2}$ 的大小表示 s^2 与 σ_0^2 之间的差异是否显著。这是因为我们要借助含有 $\dfrac{S^2}{\sigma_0^2}$ 的 χ^2 分布的统计量由显著性水平 α 确定 H_0 拒绝域。

由于 S^2 是 σ^2 的无偏估计，当 H_0 为真时，观测值 s^2 与 σ_0^2 的比值 $\dfrac{s^2}{\sigma_0^2}$ 一般说来应在 1 附近摆动，而不应过分大于 1 或过分小于 1，可用 $\dfrac{s^2}{\sigma_0^2} \leq c_1$ 或 $\dfrac{s^2}{\sigma_0^2} \geq c_2$ 表示拒绝 H_0。

当 H_0 为真时，$\dfrac{(n-1)S^2}{\sigma_0^2} \sim \chi^2(n-1)$，我们取

$$\chi^2 = \dfrac{(n-1)S^2}{\sigma_0^2} \tag{13.10}$$

作为检验统计量。如上所述，知道上述检验问题的拒绝域具有以下形式：

$$\dfrac{(n-1)s^2}{\sigma_0^2} \leq k_1 \quad \text{或} \quad \dfrac{(n-1)s^2}{\sigma_0^2} \geq k_2$$

此处的 k_1、k_2 的值由下式确定：

$$P(\text{拒绝} H_0 | H_0 \text{为真}) = P\left(\left(\dfrac{(n-1)S^2}{\sigma_0^2} \leq k_1\right) \cup \left(\dfrac{(n-1)S^2}{\sigma_0^2} \geq k_2\right)\right)$$

$$\leq P\left(\dfrac{(n-1)S^2}{\sigma_0^2} \leq k_1\right) + P\left(\dfrac{(n-1)S^2}{\sigma_0^2} \geq k_2\right) = \alpha$$

为计算方便，习惯上取

$$P\left(\frac{(n-1)S^2}{\sigma_0^2} \leqslant k_1\right) = \frac{\alpha}{2}, P\left(\frac{(n-1)S^2}{\sigma_0^2} \geqslant k_2\right) = \frac{\alpha}{2}$$

故得 $k_1 = \chi_{1-\alpha/2}^2(n-1)$, $k_2 = \chi_{\alpha/2}^2(n-1)$。

于是得拒绝域为

$$\frac{(n-1)s^2}{\sigma_0^2} \leqslant \chi_{1-\alpha/2}^2(n-1) \text{ 或 } \frac{(n-1)s^2}{\sigma_0^2} \geqslant \chi_{\alpha/2}^2(n-1) \tag{13.11}$$

例 13.3 一种杂交的小麦品种，株高的标准差为 $\sigma_0 = 14$cm，经提纯后随机抽取 10 株，它们的株高（单位：cm）分别为

90，105，101，95，100，100，101，105，93，97

考察提纯后群体的整齐性是否较原群体有显著的变化。（$\alpha = 0.01$）

解 本例要求在显著性水平 $\alpha = 0.01$ 下检验假设

$$H_0: \sigma^2 = \sigma_0^2 = 14^2, \quad H_1: \sigma^2 \neq \sigma_0^2 = 14^2$$

由前述结论知此检验问题的拒绝域为

$$\frac{(n-1)s^2}{\sigma_0^2} \leqslant \chi_{1-\alpha/2}^2(n-1) \quad \text{或} \quad \frac{(n-1)s^2}{\sigma_0^2} \geqslant \chi_{\alpha/2}^2(n-1)$$

现在有

$$n = 10, \quad \chi_{\alpha/2}^2(n-1) = \chi_{0.005}^2(9) = 23.589, \quad \chi_{1-\alpha/2}^2(n-1) = \chi_{0.995}^2(9) = 1.735, \quad \sigma_0^2 = 14^2$$

由观测值 $s^2 = 24.233$，得 $\frac{(n-1)s^2}{\sigma_0^2} = 1.11 < \chi_{1-\alpha/2}^2(n-1) = \chi_{0.995}^2(9) = 1.735$，所以拒绝 H_0，认为提纯后群体的整齐性较原群体有显著的变化。

其 R 代码和结果如下：

```
> n<-10
> x<-c(90,105,101,95,100,100,101,105,93,97)
> var(x)
[1] 24.23333
> var<-24.233
> sigma<-14^2
> chisq<-(n-1)*var/sigma
> chisq
[1] 1.11
> q1<-qchisq(0.005,9)
> q1
```

```
[1] 1.735
> q2<-qchisq(0.995,9)
> q2
[1] 23.589
```

例 13.4 某厂生产的汽车蓄电池使用寿命服从正态分布，说明书上写明其标准差不超过 0.9 年。现随机抽取 10 只，得样本标准差为 1.2 年，试在 $\alpha=0.05$ 水平上检验厂方说明书上所写的标准差是否可信。

解 要检验的假设为：$H_0:\sigma \leqslant \sigma_0 = 0.9, H_1:\sigma > \sigma_0 = 0.9$，取显著性水平 $\alpha=0.05$。

由表 13-1 可得检验问题的拒绝域为

$$\frac{(n-1)s^2}{\sigma_0^2} \geqslant \chi_\alpha^2(n-1)$$

现在 $n=10$，$\chi_{0.05}^2(9)=16.919$，由 $s=1.2$ 求得 $\chi^2=16<16.919$，样本观测值未落在拒绝域内，因此在 $\alpha=0.05$ 水平上说明书上所写的标准差可信。

其 R 代码和结果如下：

```
> n<-10
> var<--1.2^2
> sigma<-0.9^2
> chisq<-(n-1)*var/sigma
> chisq
[1] 16
> q<-qchisq(0.95,9)
> q
[1] 16.91898
```

13.3 假设检验问题的 p 值法

13.3.1 p 值的定义

假设检验问题的结论通常是简单的，在给定的显著性水平下，不是拒绝原假设就是保留原假设。然而有时也会出现这样的情况：在一个相对较大的显著水平（如 $\alpha=0.05$）下得到拒绝原假设的结论，而在一个较小的显著性水平（如 $\alpha=0.01$）下却会得到相反的结论，这种情况在理论上很容易理解：因为显著性水平变小后会导致检验的拒绝域变小，于是原来落在拒绝域中的观测值就可能落入接受域。这种情况在应用中会带来一些麻烦。假如这时一个人主张选择 $\alpha=0.05$，而另一个人主张选择 $\alpha=0.01$，则第一个人的结论是拒绝 H_0，而另一个人的结论是接受 H_0。我们该如何处理这种问题呢？下面从一个例子谈起。

例 13.5 设总体 $X \sim N(\mu,\sigma^2)$，μ 未知，$\sigma^2 = 144$，现有样本 $x_1, x_2, \cdots, x_{80}$，算得 $\bar{x} = 72.5$。现在来检验假设

$$H_0: \mu = \mu_0 = 70, \ H_1: \mu > 70$$

显然在 H_0 为真时，检验统计量为

$$U = \frac{\bar{X} - \mu_0}{\sigma / \sqrt{n}} \sim N(0, 1)$$

以数据代入，得 U 的观测值为

$$u_0 = \frac{72.5 - 70}{12 / \sqrt{80}} = 1.863$$

对于一些显著性水平，表 13-2 列出了相应的拒绝域和检验结论。

表 13-2 不同显著性水平的拒绝域和检验结论

显著性水平	拒 绝 域	u_0=1.863 对应的结论
$\alpha = 0.05$	$u \geq 1.645$	拒绝 H_0
$\alpha = 0.035$	$u \geq 1.812$	拒绝 H_0
$\alpha = 0.01$	$u \geq 2.326$	接受 H_0
$\alpha = 0.005$	$u \geq 2.576$	接受 H_0

我们看到，对应不同的 α 有不同的结论。

当 H_0 为真时，概率 $P(U \geq u_0) = 1 - \Phi(1.863) = 0.0312$，若以 0.0312 为基准来看上述检验问题，可得：

如图 13-2 所示，当 $\alpha \geq 0.0312$ 时，$u_\alpha \leq 1.863$，于是 $u_0 = 1.863$ 就在 $u \geq u_\alpha$ 中，此时应拒绝原假设 H_0。

如图 13-3 所示，当 $\alpha < 0.0312$ 时，$u_\alpha > 1.863$，于是 $u_0 = 1.863$ 就不在 $u \geq u_\alpha$ 中，此时应接受原假设 H_0。

由此可以看出，0.0312 是能用观测值 1.863 做出"拒绝 H_0"的最小检验水平，这就是 p 值。

一般地，在一个假设检验问题中，利用观测值能够做出拒绝原假设的最小检验水平称为**检验的 p 值**。

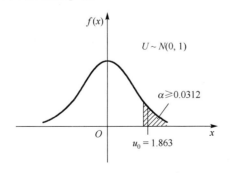

图 13-2 $\alpha \geq 0.0312$ 时

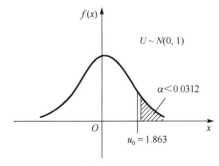

图 13-3 $\alpha < 0.0312$ 时

13.3.2 p 值的计算

常用的检验问题的 p 值可以根据检验统计量的样本观测值以及检验统计量在 H_0 下一个特定的参数值（一般是 H_0 与 H_1 所规定的参数的分解点）对应的分布求出。例如，在正态总体 $N(\mu,\sigma^2)$ 均值的检验中，当 σ 未知时，可采用检验统计量 $T=\dfrac{\bar{X}-\mu_0}{S/\sqrt{n}}$，在以下三个检验问题中，当 $\mu=\mu_0$ 时，$T\sim t(n-1)$，如果由样本求得统计量 T 的观测值为 t_0，那么在检验问题 $H_0:\mu\leqslant\mu_0,H_1:\mu>\mu_0$ 中，p 值 $=P_{\mu_0}(T\geqslant t_0)=t_0$ 右侧尾部阴影面积，如图 13-4 所示。

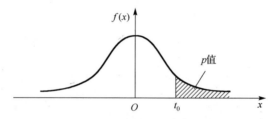

图 13-4 p 值 $=P_{\mu_0}(T\geqslant t_0)=t_0$ 右侧尾部阴影面积

在 $H_0:\mu\geqslant\mu_0,H_1:\mu<\mu_0$ 中，p 值 $=P_{\mu_0}(T\leqslant t_0)=t_0$ 左侧尾部阴影面积，如图 13-5 所示。

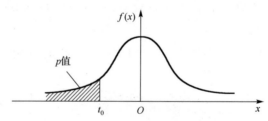

图 13-5 p 值 $=P_{\mu_0}(T\leqslant t_0)=t_0$ 左侧尾部阴影面积

在 $H_0:\mu=\mu_0,H_1:\mu\neq\mu_0$ 中，$t_0<0$ 时，p 值 $=2P_{\mu_0}(T\leqslant t_0)=2t_0$ 左侧尾部阴影面积，如图 13-6 所示。或者 $t_0>0$ 时，p 值 $=2P_{\mu_0}(T\geqslant t_0)=2t_0$ 右侧尾部阴影面积，如图 13-7 所示。

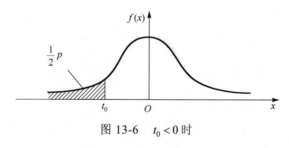

图 13-6 $t_0<0$ 时

在统计软件中，如 R，一般都给出检验问题的 p 值。

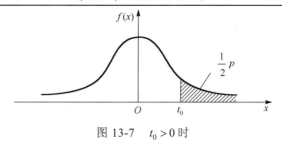

图 13-7　$t_0 > 0$ 时

引进检验的 p 值的概念有明显的好处：第一，它比较客观，避免了事先确定显著性水平；第二，由检验的 p 值与人们心目中的显著性水平 α 进行比较可以很容易做出检验的结论：

(1) 如果 $\alpha \geqslant p$，则在显著性水平 α 下拒绝 H_0；

(2) 如果 $\alpha < p$，则在显著性水平 α 下应接受 H_0。

有了这两条结论就能方便地确定是否拒绝 H_0，这种利用 p 值来确定是否拒绝 H_0 的方法，称为 p 值法。

例 13.6　用 p 值法检验例 13.2 中的检验问题

$$H_0 : \mu = \mu_0 = 225, \ H_1 : \mu > \mu_0 = 225, \quad \alpha = 0.05$$

解　由例 13.2 知道，在 H_0 为真时，检验统计量 $T = \dfrac{\overline{X} - \mu_0}{S/\sqrt{n}} \sim t(15)$，检验统计量的观测值 $t = \dfrac{\overline{x} - \mu_0}{s/\sqrt{n}} = 0.6685$。

由 R 计算得 p 值 $= P(T \geqslant 0.6685) = 0.2569856$。由于 $\alpha < p$，故接受 H_0。

例 13.7　用 p 值法检验例 13.3 中的检验问题

$$H_0 : \sigma^2 = \sigma_0^2 = 14^2, \ H_1 : \sigma^2 \neq \sigma_0^2 = 14^2, \quad \alpha = 0.01$$

解　取检验统计量 $\chi^2 = \dfrac{(n-1)S^2}{\sigma_0^2}$，在 H_0 为真时，$\chi^2 = \dfrac{(n-1)S^2}{\sigma_0^2} \sim \chi^2(n-1)$，由例 13.3 知道它的观测值为

$$\frac{(n-1)s^2}{\sigma_0^2} = 1.11$$

由于 $P(\chi^2 \leqslant 1.11) < P(\chi^2 > 1.11)$，由 R 计算得

$$p \text{ 值} = 2 \times P(\chi^2 \leqslant 1.11) = 0.001721322$$

p 值 $< \alpha = 0.01$，故拒绝 H_0。

思考与练习

1. 解释检验统计量和拒绝域。

2．什么是显著性检验？

3．说明假设检验的基本原理与步骤。

4．有假设 H_0：该批药品为真。(1)写出备择假设；(2)说明第一类、第二类错误的概率是什么。

5．说明假设检验问题的 p 值法思想。

6．下面列出的是某工厂随机选取的 20 只部件的装配时间(单位：min)：

9.8，10.4，10.6，9.6，9.7，9.9，10.9，11.1，9.6，10.2，10.3，9.6，9.9，11.2，10.6，9.8，10.5，10.1，10.5，9.7

设装配时间总体服从正态分布 $N(\mu,\sigma^2)$，μ、σ^2 均未知。是否可以认为装配时间的均值 μ 显著大于 10（取 $\alpha=0.05$）？

7．某种导线，要求其电阻的标准差不得超过 0.005Ω，今在生产的一批导线中取样品 9 个，测得 $s=0.007\Omega$。设总体为正态分布，参数均未知，在显著性水平 $\alpha=0.05$ 下能否认为这批导线的标准差显著偏大？

8．设总体服从 $N(\mu,100)$，μ 未知，现有样本 $n=16$，$\bar{x}=13.5$，试检验假设 $H_0:\mu\leqslant 10$，$H_1:\mu>10$。分别取 $\alpha=0.05$ 和 $\alpha=0.10$，求 H_0 可被拒绝的最小显著性水平。

9．(1)用 p 值检验法检验第 6 题中的检验问题。(2)用 p 值检验法检验第 7 题中的检验问题。

第 14 章　一元线性回归

14.1　相关分析

14.1.1　相关关系

客观现象总是普遍联系和相互依存的。客观现象之间的数量联系存在着两种不同的类型，一种是函数关系，另一种是相关关系。

函数关系是人们比较熟悉的。设有两个变量 x 和 y，变量 y 随着 x 一起变化，并完全依赖于 x，当 x 取某个值时，y 依确定的关系取相应的值，则称 y 是 x 的函数，记为 $y=f(x)$。

在实际问题中，有些变量间的关系不像函数关系那么简单。例如，家庭收入与家庭支出之间就不是完全确定的关系。收入相同的家庭，它们的支出往往不同；而支出相同的家庭，它们的收入也可能不同。这意味着家庭支出并不能完全由家庭收入一个因素决定，还受消费水平、银行利率等其他因素的影响。还有，从遗传学角度看，子女的身高 y 与其父母的身高 x 有很大关系。一般来说，身高较高者的子女的身高通常也较高；身高较矮者的子女的身高通常也较矮。但是实际情况并不完全是这样的，因为两者身高之间并不是完全确定的关系。显然，一个人的身高并不完全由其父母的身高所决定，还有其他许多因素的影响。类似这样的例子举不胜举。它们表明，影响一个变量的因素可能有多个，正因为如此，才造成了变量之间关系的不确定性。也就是说，一个变量的取值不能由另一个变量唯一确定。当变量 x 取某个值时，变量 y 的取值可能有多个。对这种关系不确定的变量显然不能用函数的关系进行描述，但也不是无任何规律可循。通过对大量数据的观察与研究，我们就会发现许多变量之间确实存在着一定的客观规律。例如，平均说来，收入较高的家庭，其支出一般也较高；身高较高者的子女的身高也会较高。类似这种变量间的关系称为具有不确定性的相关关系。

14.1.2　相关分析与回归分析

1. 相关分析

具有相关关系的变量，它们之间的关系究竟有多密切呢？对这些关系的密切程度进行研究，就是相关分析。

因此，所谓相关分析，就是用一个指标来表明现象间相互依存关系的密切程度。而相关系数是对变量之间关系密切程度的度量。对两个变量之间线性相关程度的度量称为简单相关系数。若相关系数是根据总体全部数据计算的，则称为总体相关系数，一般记为 ρ；若是根据样本数据计算的，则称为样本相关系数，一般记为 r。

对于二元总体 (X,Y)，设其样本容量为 n 的样本观测值为 $(x_1,y_1),(x_2,y_2),\cdots,(x_n,y_n)$，描述 $\{x_i\}$ 与 $\{y_i\}$ 相关程度的样本相关系数为

$$r = \frac{\sum_{i=1}^{n}(x_i-\bar{x})(y_i-\bar{y})}{\sqrt{\sum_{i=1}^{n}(x_i-\bar{x})^2}\sqrt{\sum_{i=1}^{n}(y_i-\bar{y})^2}} \tag{14.1}$$

其中，$\bar{x}$、$\bar{y}$ 分别为数据 $\{x_i\}$、$\{y_i\}$ 的样本均值。显然，r 对应于总体相关系数 ρ，可以证明 r 具有以下特性：

(1) $0 \leqslant |r| \leqslant 1$。

(2) $|r|$ 越接近于 1，$\{x_i\}$ 及 $\{y_i\}$ 的线性相关程度就越强；$|r|$ 越接近于 0，$\{x_i\}$ 及 $\{y_i\}$ 的线性相关程度就越弱。

(3) $|r|=1$ 时，$\{x_i\}$ 及 $\{y_i\}$ 完全线性相关。$r=1$ 时称为完全正相关，$r=-1$ 时称为完全负相关。

(4) $r=0$ 时，$\{x_i\}$ 及 $\{y_i\}$ 没有线性关系。

一般来说，判断 $\{x_i\}$ 与 $\{y_i\}$ 的相关程度，除了使用样本相关系数，还需结合散点图加以验证。散点图就是将各个数据对一一标在平面坐标上画出的图像。

例 14.1 为研究某化学反应过程中温度 x(单位：°C) 对产品得率 y(%) 的影响，测得数据如表 14-1 所示。

表 14-1　温度 x 和产品得率 y(%) 的数据

温度 x/°C	100	110	120	130	140	150	160	170	180	190
产品得率 y(%)	45	51	54	61	66	70	74	78	85	89

可计算得到 $r=0.9981287$，x 与 y 几乎线性相关，这可从如图 14-1 所示的散点图中得到验证。

2. 回归分析

本章所要探讨的回归分析是研究相关关系的一种合适的数学工具，它根据相关关系的具体形态，选择一个合适的数学模型，来近似地表达变量间的平均变化关系。例如，Galton 的朋友 K.Pearson 等人搜集了上千个家庭成员的身高数据，分析出儿子的身高 y 和父亲的身高 x 大致可归结为以下关系：

$$y=0.516x+33.73 \quad (单位：\text{in})$$

这就能帮助我们从一个变量取得的值去估计另一个变量所取的值。

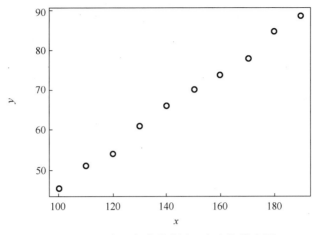

图 14-1 温度 x 与产品得率 $y(\%)$ 的散点图

14.2 一元线性回归分析

14.2.1 一元线性回归模型

1. 总体回归函数

如前所述，进行回归分析通常要设定数学模型。在回归分析中，最简单的数字模型是只有一个因变量和一个自变量的线性回归模型。这类模型就是一元线性回归模型，又称简单线性回归模型，若画出其散点图，其形状与图 14-1 所示散点图大致相同。因而该类模型假定因变量 Y 主要受自变量 x 的影响，它们之间存在着近似线性的函数关系，即

$$Y_i = \beta_0 + \beta_1 x_i + \varepsilon_i \tag{14.2}$$

式 (14.2) 称为**一元线性总体回归模型**。式中的 β_0 和 β_1 是未知的参数，又叫回归系数；Y_i 和 x_i 分别是 Y 和 x 的第 i 次观测值；ε_i 是随机误差项，又称随机干扰项。ε_i 是一个特殊的随机变量，反映未列入方程式的其他各种因素对 Y 的影响，对于不同的 i，均有 $\varepsilon_i \sim N(0, \sigma^2)$ 且各 ε_i 相互独立，也就是 $Y_i \sim N(\beta_0 + \beta_1 x_i, \sigma^2)$，即对于 x 各个确定值 x_i，分别唯一对应着一个正态分布 $N(\beta_0 + \beta_1 x_i, \sigma^2)$，这些正态分布也是相互独立的。通过这些 $N(\beta_0 + \beta_1 x_i, \sigma^2)$，我们就完全掌握了 Y 与 x 之间的关系。然而，这样做往往比较复杂，作为一种近似，我们可以去考察 Y 的数学期望 $E(Y)$，显然 $E(Y)$ 的取值随 x 的一个取值而唯一确定。$E(Y)$ 是对 Y 的最佳近似，因此研究 Y 和 x 的关系时转而去研究 $E(Y)$ 与 x 的关系是合适的。如果用数学形式来表示，可有

$$E(Y_i) = \beta_0 + \beta_1 x_i \tag{14.3}$$

式(14.3)表明,在 x 的值给定的条件下,Y 的期望值是 x 的一次函数,它被称作**总体回归函数**,它表示的直线被称为总体回归直线。Y 的实际观测值并不一定位于该直线上,而是散布在该直线的周围。我们就是把各实际观测点与总体回归直线垂直方向的间隔,称为随机误差项,因此有 $\varepsilon_i = Y_i - E(Y_i) = \beta_0 + \beta_1 x_i + \varepsilon_i - (\beta_0 + \beta_1 x_i)$。

2. 样本回归函数

总体回归函数实际上是未知的,需要利用样本的信息对其进行估计。

我们对于 x 取一组不完全相同的值 $x_1, x_2, \cdots, x_n$,设 $Y_1, Y_2, \cdots, Y_n$ 分别是在 $x_1, x_2, \cdots, x_n$ 处对 Y 的独立观察结果,称 $(x_1, Y_1), (x_2, Y_2), \cdots, (x_n, Y_n)$ 是一个样本,对应的样本值记为

$$(x_1, y_1), (x_2, y_2), \cdots, (x_n, y_n)$$

根据样本值数据拟合的直线,称为样本回归直线。显然,一元线性样本回归函数应与总体回归函数的形式一致,可表示为

$$\hat{Y}_i = \hat{\beta}_0 + \hat{\beta}_1 x_i \tag{14.4}$$

式中,$\hat{Y}_i$ 是样本回归线上与 x_i 相对应的 Y 值,可视为 $E(Y_i)$ 的估计;$\hat{\beta}_0$ 是样本回归函数的截距系数,$\hat{\beta}_1$ 是样本回归函数的斜率系数,它们分别是对总体回归系数 β_0 和 β_1 的估计。

实际观测到的因变量 Y_i 并不完全等于 $\hat{Y}_i$,如果用 e_i 表示二者之差,即 $e_i = Y_i - \hat{Y}_i$,则有

$$Y_i = \hat{\beta}_0 + \hat{\beta}_1 x_i + e_i, \quad i = 1, 2, \cdots, n \tag{14.5}$$

式(14.5)称为样本回归模型。式中,e_i 称为残差,在概念上与总体误差项 ε_i 相互对应;n 是样本的容量。

样本回归函数与总体回归函数之间的联系显而易见。这里需要特别指出的是它们之间的区别。

第一,总体回归线是未知的,它只有一条。而样本回归线则是根据样本数据拟合的,每抽取一组样本,便可以拟合一条样本回归线。

第二,总体回归函数中的 β_0 和 β_1 是未知的参数,表现为常数。而样本回归函数中的 $\hat{\beta}_0$ 和 $\hat{\beta}_1$ 是随机变量,其具体数值随所抽取的样本观测值不同而变动。

第三,总体回归模型中的 ε_i 是 Y_i 与未知的总体回归线之间的纵向距离,它是不可直接观测的。而样本回归模型中的 e_i 是 Y_i 与样本回归线的纵向距离,当根据样本观测值拟合出样本回归线之后,可以算出 e_i 的具体数值。

综上所述,样本回归函数是对总体回归函数的近似反映。回归分析的主要任务就是要采用适当的方法,充分利用样本提供的信息,使得样本回归函数尽可能接近于真实的总体回归函数。

14.2.2 一元线性回归模型的估计

1. 回归系数的估计

如前所述，回归分析的主要任务就是要建立能够近似反映真实总体回归函数的样本回归函数。在根据样本资料确定样本回归方程时，一般总是希望 Y 的估计值从整体来看尽可能接近其实际观测值。这就是说，残差 e_i 的总量越小越好。可是，e_i 有正有负，简单的代数和会相互抵消，因此为了在数学上便于处理，通常采用残差平方和 $\sum e_i^2$ 作为衡量总偏差的尺度。所谓最小二乘法就是根据这一思路，通过使残差平方和为最小来估计回归系数的一种方法。对于样本数据，y_i 是 Y_i 的对应观测值，e_i 的观测值仍记为 e_i，设

$$\begin{aligned}Q(\hat{\beta}_0,\hat{\beta}_1) &= \sum e_i^2 = \sum (y_i-\hat{y}_i)^2 = \sum(y_i-\hat{\beta}_0-\hat{\beta}_1 x_i)^2 \\ &= \sum[(y_i-\bar{y})-\hat{\beta}_0(x_i-\bar{x})+(\bar{y}-\hat{\beta}_0-\hat{\beta}_1\bar{x})]^2 \\ &= \sum(y_i-\bar{y})^2+(\hat{\beta}_0)^2\sum(x_i-\bar{x})^2+\sum(\bar{y}-\hat{\beta}_0-\hat{\beta}_1\bar{x})^2-2\hat{\beta}_1\sum(x_i-\bar{x})(y_i-\bar{y})\end{aligned}$$

令

$$S_{xx}=\sum(x_i-\bar{x})^2=\sum x_i^2-n(\bar{x})^2$$

$$S_{yy}=\sum(y_i-\bar{y})^2=\sum y_i^2-n(\bar{y})^2$$

$$S_{xy}=\sum(x_i-\bar{x})(y_i-\bar{y})=\sum x_i y_i-n\bar{x}\bar{y}$$

则

$$Q(\hat{\beta}_0,\hat{\beta}_1)=(\hat{\beta}_1)^2 S_{xx}-2\hat{\beta}_1 S_{xy}+S_{yy}+\sum(\bar{y}-\hat{\beta}_0-\hat{\beta}_1\bar{x})^2$$

对上式等号右侧的前两项配方，得

$$Q(\hat{\beta}_0,\hat{\beta}_1)=S_{xx}\left(\hat{\beta}_1-\frac{S_{xy}}{S_{xx}}\right)^2+S_{yy}-\frac{S_{xy}^{\ 2}}{S_{xx}}+\sum(\bar{y}-\hat{\beta}_0-\hat{\beta}_1\bar{x})^2$$

若记

$$\hat{\beta}_1=\frac{S_{xy}}{S_{xx}} \tag{14.6}$$

$$\hat{\beta}_0=\bar{y}-\hat{\beta}_1\bar{x} \tag{14.7}$$

则 $Q(\hat{\beta}_0,\hat{\beta}_1)$ 取得最小值，记为 Q，即

$$Q=S_{yy}-\frac{S_{xy}^{\ 2}}{S_{xx}} \tag{14.8}$$

式(14.6)和式(14.7)分别是估计总体回归系数 β_1 和 β_0 的公式。

例 14.2 儿童的睡眠时间与年龄关系的研究。表 14-2 中是 14 个健康儿童的数据。其中，睡眠时间 y 使用 3 个晚上的睡眠时间的平均值（单位：min）；x 为年龄（单位：岁）。

表 14-2　14 个健康儿童的睡眠时间与年龄

年龄 x/岁	4.4	14	10.1	6.7	11.5	9.6	12.4	8.9	11.1	7.75	5.5	8.6	7	10
睡眠时间 y/min	586	461.75	491.1	565	462	532.1	477.6	515.2	493	528.3	575.9	532.5	530.5	505.9

试求睡眠时间 y 与年龄 x 的样本回归函数。

解　R 代码和结果如下：

```
>A<-data.frame(x=c(4.4,14,10.1,6.7,11.5,9.6,12.4,8.9,11.1,7.75,
5.5,8.6,7,10),y=c(586,461.75,491.1,565,462,532.1,477.6,515.2,493,528.3,
575.9,532.5,530.5,505.9))
> lm.1<-lm(y~x,data=A)
> lm.1$coef
(Intercept)             x
   645.4227       -13.9480
```

因此，所求的样本回归函数为

$$\hat{Y} = 645.4227 - 13.948x$$

2. σ^2 的估计

显然，随机误差 $\varepsilon_i = Y_i - E(Y_i)$，$E(\varepsilon_i^2) = E\{[Y_i - E(Y_i)]^2\} = D(Y_i) = \sigma^2$。

这表示 σ^2 可以反映理论模型误差的大小，它越小，利用总体回归函数 $E(Y_i) = \beta_0 + \beta_1 x_i$ 去研究随机变量 Y 和 x 的关系就越有效。然而，σ^2 是未知的，且随机误差项 ε_i 本身是不能直接观测的，因此需要用最小二乘残差 e_i 代替 ε_i 来估计 σ^2。由式 (14.6) 和式 (14.8) 得最小二乘残差平方和

$$Q = \sum e_i^2 = \sum (y_i - \hat{y}_i)^2 = S_{yy} - \frac{S_{xy}^2}{S_{xx}} = S_{yy} - \frac{S_{xy}}{S_{xx}} S_{xy} = S_{yy} - \hat{\beta}_1 S_{xy}$$

可以证明，$\dfrac{Q}{n-2} = \dfrac{\sum e_i^2}{n-2} = \dfrac{S_{yy} - \hat{\beta}_1 S_{xy}}{n-2}$ 是 σ^2 的无偏估计，即

$$\hat{\sigma}^2 = \frac{Q}{n-2} = \frac{\sum e_i^2}{n-2} = \frac{S_{yy} - \hat{\beta}_1 S_{xy}}{n-2} \tag{14.9}$$

也可写作

$$\hat{\sigma} = \sqrt{\frac{Q}{n-2}} = \sqrt{\frac{\sum e_i^2}{n-2}} = \sqrt{\frac{S_{yy} - \hat{\beta}_1 S_{xy}}{n-2}} \tag{14.10}$$

为残差标准误(Residual standard error)。

若各观测值全部落在直线上，$\hat{\sigma}=0$，则此时用 x 预测 Y 是没有误差的。

例 14.3 求例 14.2 中 σ^2 的无偏估计。

解 R 代码和结果如下：

```
> summary(lm.1)
Call:
lm(formula = y ~ x, data = A)

Residuals:
    Min      1Q  Median      3Q     Max
-23.021  -8.291   2.174   7.151  20.578

Coefficients:
            Estimate Std. Error t value Pr(>|t|)
(Intercept)  645.423     12.587   51.28 1.99e-15 ***
x            -13.948      1.329  -10.50 2.12e-07 ***
---
Signif. codes:  0 '***' 0.001 '**' 0.01 '*' 0.05 '.' 0.1 ' ' 1

Residual standard error: 12.89 on 12 degrees of freedom
Multiple R-squared: 0.9018,    Adjusted R-squared: 0.8936
F-statistic: 110.2 on 1 and 12 DF,  p-value: 2.117e-07
```

由以上的结果可知，残差标准误 $\hat{\sigma} = 12.89$，因此有

$$\hat{\sigma}^2 = 12.89^2 = 166.1521$$

14.2.3 一元线性回归模型的检验

1. 拟合优度的检验

根据样本回归函数 $\hat{Y} = \hat{\beta}_0 + \hat{\beta}_1 x$，可用自变量 x 的取值来预测因变量 Y 取值，但预测的精度取决于回归模型对观测数据的拟合程度。可以想象，如果各观测点都落在这条直线上，则模型就是对数据的完全拟合，此时用 x 来估计 Y 是没有误差的，各观测点越紧密围绕直线，模型对观测数据的拟合程度就越好，反之则越差。我们把样本观测值聚集在样本回归线周围的紧密程度，称为拟合优度。判断回归模型拟合优度的优劣最常用的指标是可决系数。该指标是建立在对总离差平方和分解的基础上的。

因变量的样本观测值与其均值的离差称为总离差，记作 $y - \bar{y}$。按其来源，如图 14-2 所示，总离差可以分解为两个部分：一是因变量的回值与其样本均值之间的离差，记作 $\hat{y} - \bar{y}$，它代表能够由回归方程解释的部分，称为回归离差；二是样本观测值与回归值之间的离差，记作 $y - \hat{y}$，它表示不能由回归方程解释的部分，称为剩余离差。它们

之间的关系可用公式表示为

$$y - \bar{y} = (\hat{y} - \bar{y}) + (y - \hat{y}) \tag{14.11}$$

可以证明，对 n 个观测点，有

$$\sum (y_i - \bar{y})^2 = \sum (\hat{y}_i - \bar{y})^2 + \sum (y_i - \hat{y}_i)^2 \tag{14.12}$$

令

$$\text{SST} = \sum (y_i - \bar{y})^2, \quad \text{SSR} = \sum (\hat{y}_i - \bar{y})^2, \quad \text{SSE} = \sum (y_i - \hat{y}_i)^2$$

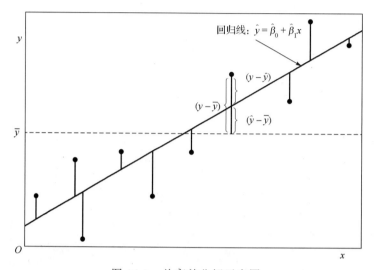

图 14-2 总离差分解示意图

则

$$\text{SST} = \text{SSR} + \text{SSE} \tag{14.13}$$

其中，SST 是总离差平方和；SSR 是由回归直线可以解释的那部分离差平方和，称为回归平方和；SSE 是用回归直线无法解释的那部分离差平方和，称为剩余残差平方和，即残差平方和。

把式(14.13)的两边同时除以 SST，得

$$1 = \frac{\text{SSR}}{\text{SST}} + \frac{\text{SSE}}{\text{SST}}$$

显而易见，各个样本观测点与样本回归直线靠得越近，SSR 在 SST 中所占的比例就越大。因此，定义这一比例为可决系数，即

$$R^2 = \frac{\text{SSR}}{\text{SST}} = 1 - \frac{\text{SSE}}{\text{SST}} \tag{14.14}$$

可决系数 R^2 是对回归模型拟合程度的综合度量，可决系数越大，模型拟合程度越高；可决系数越小，则模型对样本的拟合程度越差。若所有观测值都落在直线上，则残差平方和 $\text{SSE} = 0$，$R^2 = 1$，拟合是完全的；如果 x 的变化与 y 无关，x 完全无助于解释 y 的离差，此时 $\hat{y} = \bar{y}$，则 $R^2 = 0$，可见 R^2 的取值范围是 $[0,1]$。R^2 越接近于 1，表明

回归平方和占总离差平方和的比例越大，回归直线与各观测点越接近，用 x 的变化来解释 y 值离差的部分就越多，回归直线的拟合程度就越好；R^2 越接近于 0，回归直线的拟合程度就越差。

例 14.4 求例 14.3 中 R^2 的大小。

解 例 14.3 中 summary(lm.1) 的结果显示可决系数（Multiple R-squared）的大小为 0.9018。

2．显著性检验

从总体中随机抽取一个样本，根据样本资料估计的回归模型由于受到抽样误差的影响，它所确定的变量之间的线性关系是否显著，以及按照这个模型通过给定的自变量 x 的值估计因变量 Y 是否有效，都必须通过显著性检验来得出结论。通常回归模型的显著性检验包括回归系数的检验和回归模型整体的检验两个部分。

(1) 回归系数的检验

回归系数的显著性检验，是指根据样本计算结果对总体回归系数的有关假设所进行的检验，它的主要目的是了解总体自变量与因变量之间是否真正存在样本回归模型所表述的相关关系。β_0 和 β_1 的检验方法是相同的，但 β_1 的检验更为重要，因为它代表的是自变量对因变量线性影响的程度。这里就以 β_1 为例来说明回归系数显著性检验的基本内容。

可以证明，在对一元线性回归模型的假定都成立的条件下，$\hat{\beta}_1 \sim N\left(\beta_1, \dfrac{\sigma^2}{S_{xx}}\right)$，据此给出以下检验的基本步骤：

第一，提出假设。

所提出的假设的一般形式为

$$H_0: \beta_1 = 0, H_1: \beta_1 \neq 0$$

如果不能否定原假设，则意味着总体自变量与因变量之间的线性关系不存在，所建立的回归模型也就不能用于估计或预测。

第二，给出检验统计量。

虽然 $\dfrac{\hat{\beta}_1 - \beta_1}{\sigma}\sqrt{S_{xx}} \sim N(0,1)$，但 σ 未知，用 $\hat{\sigma} = \sqrt{\dfrac{\sum(y_i - \hat{y}_i)^2}{n-2}}$ 替换，可证明

$$\dfrac{\hat{\beta}_1 - \beta_1}{\hat{\sigma}}\sqrt{S_{xx}} \sim t(n-2)$$

因此，在 H_0 为真时，$\dfrac{\hat{\beta}_1}{\hat{\sigma}}\sqrt{S_{xx}} \sim t(n-2)$，检验统计量为

$$T = \frac{\hat{\beta}_1}{\hat{\sigma}}\sqrt{S_{xx}} \tag{14.15}$$

第三，确定拒绝域。

在 H_0 为真时，当给定显著性水平 $\alpha(0<\alpha<1)$ 时，有 $P\left(\frac{|\hat{\beta}_1|}{\hat{\sigma}}\sqrt{S_{xx}} \geq t_{\frac{\alpha}{2}}(n-2)\right)=\alpha$。

因此，检验的拒绝域为

$$|t| = \frac{|\hat{\beta}_1|}{\hat{\sigma}}\sqrt{S_{xx}} \geq t_{\frac{\alpha}{2}}(n-2)$$

第四，做出判断。

如果检验统计量 $T=\frac{\hat{\beta}_1}{\hat{\sigma}}\sqrt{S_{xx}}$ 的观测值 $|t|=\frac{|\hat{\beta}_1|}{\hat{\sigma}}\sqrt{S_{xx}} \geq t_{\frac{\alpha}{2}}(n-2)$，就拒绝原假设 H_0，接受备择假设；反之，如果 $|t|=\frac{|\hat{\beta}_1|}{\hat{\sigma}}\sqrt{S_{xx}} < t_{\frac{\alpha}{2}}(n-2)$，则接受原假设。

当然，也可以利用 p 值法来完成 β_1 的检验：先计算检验的 p 值，而后与显著性水平 α 比较，如果 $\alpha \geq p$，则拒绝原假设；如果 $\alpha < p$，则接受原假设。

例 14.5 对例 14.3 中的 β_1 进行检验。

解 例 14.3 中 summary(lm.1) 的结果显示检验统计量的观测值 $|t|=10.50$，检验的 p 值为 2.117×10^{-7}，接近于 0，拒绝 H_0，说明总体回归系数 β_1 是不为零的，即儿童的年龄对睡眠时间是有显著影响的。

(2) 回归模型整体的检验

由于在一元线性回归模型中只有一个解释变量 x，所以回归模型整体的检验与回归系数的检验的假设形式是相同的，即

$$H_0: \beta_1=0, \quad H_1: \beta_1 \neq 0$$

不过，其检验统计量通常采用由回归平方和与残差平方和构造出的统计量 F，即

$$F = \frac{\mathrm{SSR}/1}{\mathrm{SSE}/(n-2)} = \frac{\sum(\hat{y}_i-\bar{y})^2/1}{\sum(y_i-\hat{y}_i)^2/(n-2)} \tag{14.16}$$

可以证明：

第一，在 H_0 为真时，$F \sim F(1, n-2)$。

第二，在显著性水平 α 下，记检验统计量 F 的观测值为 f，则检验的拒绝域为

$$f > F_\alpha(1, n-2)$$

同样，也可以利用 p 值法来完成回归模型整体的检验，这里不再赘述。

例 14.6 检验例 14.3 中的线性回归模型是否合适。

解 例 14.3 中 summary(lm.1) 的结果显示"F-statistic: 110.2 on 1 and 12 DF, p-value:

2.117e-07",可知检验统计量 F 的观测值 $f=110.2$,$p=2.117\times10^{-7}$,接近于 0,所以拒绝原假设,方程通过 F 检验,表明儿童的年龄与睡眠时间之间存在着显著的线性关系。

14.2.4 回归模型的预测

1. Y 的观测值的点预测

若我们对指定点 $x=x_0$ 处因变量 Y 的观测值 Y_0 感兴趣,而在 $x=x_0$ 处并未观察或者暂时无法观察时,就可利用样本回归函数对因变量 Y 的新观测值 Y_0 进行点预测。

若 Y_0 是在 $x=x_0$ 处对 Y 的观测值,它满足

$$Y_0=\beta_0+\beta_1 x_0+\varepsilon_0, \varepsilon_0 \sim N(0,\sigma^2)$$

随机误差 ε_0 可正也可负,其值无法预料,我们就用 x_0 处的样本回归函数值

$$\hat{Y}_0=\hat{\beta}_0+\hat{\beta}_1 x_0 \tag{14.17}$$

作为 $Y_0=\beta_0+\beta_1 x_0+\varepsilon_0$ 的点预测。

2. 总体回归函数 $E(Y)=\beta_0+\beta_1 x$ 的函数值的置信区间

设 x_0 是自变量 x 的某一指定值,显然也可以利用样本回归函数 $\hat{Y}=\hat{\beta}_0+\hat{\beta}_1 x$ 在 x_0 的函数值 $\hat{Y}_0=\hat{\beta}_0+\hat{\beta}_1 x_0$ 作为 $E(Y_0)=\beta_0+\beta_1 x_0$ 的点估计,可证明 $E(\hat{Y}_0)=E(\hat{\beta}_0+\hat{\beta}_1 x_0)=\beta_0+\beta_1 x_0$,这表明这一估计是无偏的。

还可证明

$$\hat{Y}_0 \sim N\left(\beta_0+\beta_1 x_0, \sigma^2\left(\frac{1}{n}+\frac{(x_0-\bar{x})^2}{S_{xx}}\right)\right)$$

则 $\dfrac{\hat{Y}_0-(\beta_0+\beta_1 x_0)}{\sigma\sqrt{\dfrac{1}{n}+\dfrac{(x_0-\bar{x})^2}{S_{xx}}}} \sim N(0,1)$,把未知的 σ 用它的估计量 $\hat{\sigma}$ 替换,得到

$$\frac{\hat{Y}_0-(\beta_0+\beta_1 x_0)}{\hat{\sigma}\sqrt{\dfrac{1}{n}+\dfrac{(x_0-\bar{x})^2}{S_{xx}}}} \sim t(n-2)$$

于是得到 $E(Y_0)=\beta_0+\beta_1 x_0$ 的置信水平为 $1-\alpha$ 的置信区间为

$$\left[\hat{\beta}_0+\hat{\beta}_1 x_0-t_{\frac{\alpha}{2}}(n-2)\hat{\sigma}\sqrt{\frac{1}{n}+\frac{(x_0-\bar{x})^2}{S_{xx}}}, \hat{\beta}_0+\hat{\beta}_1 x_0+t_{\frac{\alpha}{2}}(n-2)\hat{\sigma}\sqrt{\frac{1}{n}+\frac{(x_0-\bar{x})^2}{S_{xx}}}\right]$$

3. Y 的观测值的预测区间

由前面知道 $\hat{Y}_0=\hat{\beta}_0+\hat{\beta}_1 x_0$ 可作为 $Y_0=\beta_0+\beta_1 x_0+\varepsilon_0$ 在 $x=x_0$ 的点预测。

下面来求 $Y_0=\beta_0+\beta_1 x_0+\varepsilon_0$ 的预测区间。

可以证明

$$\hat{Y}_0 - Y_0 \sim N\left(0, \left[1+\frac{1}{n}+\frac{(x_0-\overline{x})^2}{S_{xx}}\right]\sigma^2\right)$$

则

$$\frac{\hat{Y}_0 - Y_0}{\sigma\sqrt{1+\frac{1}{n}+\frac{(x_0-\overline{x})^2}{S_{xx}}}} \sim N(0,1)$$

同样，把未知的 σ 用它的估计量 $\hat{\sigma}$ 替换，得

$$\frac{\hat{Y}_0 - Y_0}{\hat{\sigma}\sqrt{1+\frac{1}{n}+\frac{(x_0-\overline{x})^2}{S_{xx}}}} \sim t(n-2)$$

于是得到 $Y_0 = \beta_0 + \beta_1 x_0 + \varepsilon_0$ 的置信水平为 $1-\alpha$ 的预测区间为

$$\left[\hat{\beta}_0 + \hat{\beta}_1 x_0 - t_{\frac{\alpha}{2}}(n-2)\hat{\sigma}\sqrt{1+\frac{1}{n}+\frac{(x_0-\overline{x})^2}{S_{xx}}},\ \hat{\beta}_0 + \hat{\beta}_1 x_0 + t_{\frac{\alpha}{2}}(n-2)\hat{\sigma}\sqrt{1+\frac{1}{n}+\frac{(x_0-\overline{x})^2}{S_{xx}}}\right]$$

由图 14-3 并结合式(14.18)和式(14.19)可得这两类区间的长度均是 x_0 的函数，它们均随着 $|x_0-\overline{x}|$ 的增加而增加，在 $x_0 = \overline{x}$ 时最短。通过比较可知，在相同的置信水平下，式(14.18)的置信区间比式(14.19)的预测区间要短，这是因为 $Y_0 = \beta_0 + \beta_1 x_0 + \varepsilon_0$ 比 $E(Y_0) = \beta_0 + \beta_1 x_0$ 多了一项 ε_0。

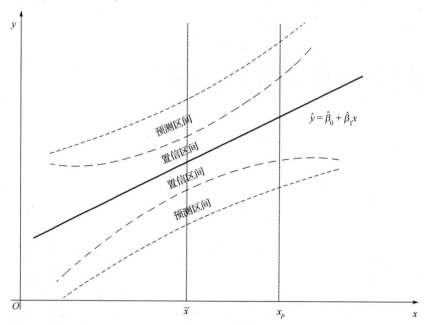

图 14-3 置信区间和预测区间

例 14.7 求例 14.2 中年龄为 13 岁时的睡眠时间的点预测值及置信水平为 0.90 的置信区间、预测区间，并绘制置信区间、预测区间。

解 (1)计算点预测值、置信区间和预测区间。R 代码和结果如下：

```
>A<-data.frame(x=c(4.4,14,10.1,6.7,11.5,9.6,12.4,8.9,11.1,7.75,5.5,
8.6,7,10),y=c(586,461.75,491.1,565,462,532.1,477.6,515.2,493,528.3,575.9,
532.5,530.5,505.9))
> lm.1<-lm(y~x,data=A)
> x1<-A$x
> pre<-predict(lm.1)
> con<-predict(lm.1,data.frame(x=x1),interval="confidence",
level=0.9)
> pree<-predict(lm.1,data.frame(x=x1),interval="prediction",
level=0.9)
> data.frame(睡眠时间=A$y,点预测值=pre,置信下限=con[,2],置信上限
=con[,3],预测下限=pree[,2],预测上限=pree[,3])
   睡眠时间  点预测值  置信下限   置信上限   预测下限   预测上限
1    586.00  584.0515  571.3175  596.7855  557.7892  610.3137
2    461.75  450.1507  437.0445  463.2568  423.7060  476.5953
3    491.10  504.5479  497.9773  511.1184  480.6581  528.4377
4    565.00  551.9711  543.5877  560.3544  527.5205  576.4216
5    462.00  485.0207  476.6718  493.3695  460.5819  509.4594
6    532.10  511.5219  505.2749  517.7689  487.7190  535.3247
7    477.60  472.4675  462.5493  482.3856  447.4491  497.4859
8    515.20  521.2855  515.1266  527.4443  497.5056  545.0653
9    493.00  490.5999  482.8617  498.3380  466.3629  514.8368
10   528.30  537.3257  530.3926  544.2588  513.3336  561.3177
11   575.90  568.7087  558.1820  579.2353  543.4429  593.9745
12   532.50  525.4699  519.2133  531.7265  501.6645  549.2752
13   530.50  547.7867  539.8701  555.7032  523.4922  572.0812
14   505.90  505.9427  499.4528  512.4325  482.0749  529.8104
```

(2)绘制置信区间和预测区间。R 代码如下：

```
>A<-data.frame(x=c(4.4,14,10.1,6.7,11.5,9.6,12.4,8.9,11.1,7.75,
5.5,8.6,7,10),y=c(586,461.75,491.1,565,462,532.1,477.6,515.2,493,528.3,
575.9,532.5,530.5,505.9))
> lm.1<-lm(y~x,data=A)
> x2<-seq(min(A$x),max(A$x))
> con<-predict(lm.1,data.frame(x=x2),interval="confidence",
level=0.9)
> pree<-predict(lm.1,data.frame(x=x2),interval="prediction",
level=0.9)
> par(cex=0.8,mai=c(0.7,0.7,0.1,0.1))
```

```
> plot(y~x,data=A)
> abline(lm.1,lwd=2)
> lines(x2,con[,2],lty=5,lwd=2,col="blue")
> lines(x2,con[,3],lty=5,lwd=2,col="blue")
> lines(x2,pree[,2],lty=6,lwd=2,col="red")
> lines(x2,pree[,3],lty=6,lwd=2,col="red")
> legend(x="topleft",legend=c("回归线","置信区间","预测区间"),
lty=c(1,5,6),col=c(1,4,2),lwd=2,cex=0.8)
```

绘制结果如图 14-4 所示。

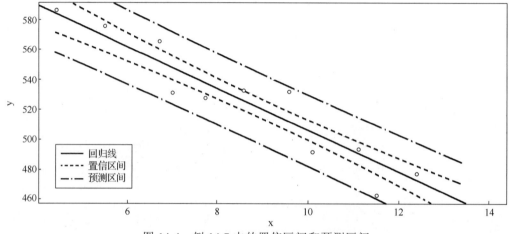

图 14-4　例 14.7 中的置信区间和预测区间

思考与练习

1．什么是相关关系？它与函数关系有何不同？

2．回归分析与相关分析有何不同？

3．分别解释一元线性总体回归模型、总体回归函数、样本回归模型、样本回归函数。

4．简介最小二乘法的思想。

5．解释可决系数的意义和作用。

6．说明置信区间和预测区间的区别。

7．表 14-3 是 1985—1996 年的城镇居民人均收入 x（单位：元）与城镇肉禽蛋价格指数 Y 的样本数据。

设给定的 x、Y 为正态变量，且方差与 x 无关。

(1) 求出 Y 关于 x 的一元线性总体回归模型。

(2) 求出 Y 关于 x 的一元线性样本回归模型。

(3) 对总体回归模型的显著性进行检验。($\alpha = 0.05$)

(4) 当人均收入为 3570.1 元时,求城镇肉禽蛋价格指数的置信水平为 0.95 的预测区间。

表 14-3　x 与 Y 的样本数据

年 份	1985	1986	1987	1988	1989	1990
x	748.92	909.96	1012.2	1192.12	1387.81	1522.79
Y	100	110.2	127.17	171.43	196.45	192.92
年 份	1991	1992	1993	1994	1995	1996
x	1713.1	2031.53	2583.16	3502.31	4288.09	4484.78
Y	189.64	199.88	230.26	313.39	388.91	413.02

8. 超声波通过一种物质时的传播特性同该物质的性质有关(如折断强度 x,%),我们用 Y 表示波的振幅的衰减(单位:Np/cm,1Np=8.686dB)。表 14-4 列出了一组观测数据。

表 14-4　x 与 Y 的一组观测数据

x	12	30	36	40	45	57	62	67	71	78	93	94	100	105
Y	3.3	3.2	3.4	3	2.8	2.9	2.7	2.6	2.5	2.6	2.2	2	2.3	2.1

(1) 求出 Y 关于 x 的一元线性总体回归模型。

(2) 求出 Y 关于 x 的一元线性样本回归模型。

(3) 对总体回归方程的显著性进行检验。($\alpha = 0.05$)

(4) 当折断强度 $x=102$ 时,求波的振幅的衰减的置信水平为 0.95 的预测区间。

9. 表 14-5 列出了挪威 1938—1947 年的年均脂肪消耗量与患动脉粥样硬化症而死亡的死亡率之间相关的一组数据。

表 14-5　脂肪消耗量与死亡率之间相关的一组数据

年 份	1938	1939	1940	1941	1942	1943	1944	1945	1946	1947
脂肪消耗量 $x/[kg/(人·年)]$	14.4	16.0	11.6	11.0	10.0	9.6	9.2	10.4	11.4	12.5
死亡率 $y/[1/(\times 10^5 人·年)]$	29.1	29.7	29.2	26.0	24.0	23.1	23.0	23.1	25.2	26.1

设给定的 x、Y 为正态变量,且方差与 x 无关。

(1) 写出 Y 与 x 的一元线性总体回归模型,并求样本回归函数 $\hat{y} = \hat{a} + \hat{b}x$。

(2) 在显著性水平 $\alpha = 0.05$ 下检验总体回归模型的显著性。

(3) 求 $\hat{y}|_{x=15}$。

(4) 求 $x=15$ 处 Y 的新观测值 Y_0 的置信水平为 0.95 的预测区间。

附录 A 常用统计表

表 A-1 泊松分布表

λ \ m	0.1	0.2	0.3	0.4	0.5	0.6	0.7	0.8	0.9	1.0	1.5	2.0	2.5	3.0
0	0.9048	0.8187	0.7408	0.6703	06065	0.5488	0.4966	0.4493	0.4066	0.3679	0.2231	0.1353	0.0821	0.0498
1	0.0905	0.1637	0.2223	0.2681	0.3033	0.3293	0.3476	0.3595	0.3659	0.3679	0.3347	0.2707	0.2052	0.1494
2	0.0045	0.0164	0.0333	0.0536	0.0758	0.0988	0.1216	0.1438	0.1647	0.1839	0.2510	0.2707	0.2565	0.2240
3	0.0002	0.0011	0.0033	0.0072	0.0126	0.0198	0.0284	0.0383	0.0494	0.0613	0.1255	0.1805	0.2138	0.2240
4		0.0001	0.0003	0.0007	0.0016	0.0030	0.0050	0.0077	0.0111	0.0153	0.0471	0.0902	0.1336	0.1681
5					0.0001	0.0002	0.0003	0.0007	0.0012	0.0020	0.0031	0.0141	0.0361	0.0668	0.1008
6								0.0001	0.0002	0.0003	0.0005	0.0035	0.0120	0.0278	0.0504
7											0.0001	0.0008	0.0034	0.0099	0.0216
8												0.0002	0.0009	0.0031	0.0081
9													0.0002	0.0009	0.0027
10														0.0002	0.0008
11														0.0001	0.0002
12															0.0001

λ \ m	3.5	4.0	4.5	5	6	7	8	9	10	11	12	13	14	15
0	0.0302	0.0183	0.0111	0.0067	0.0025	0.0009	0.0003	0.0001						
1	0.1057	0.0733	0.0500	0.0337	0.0149	0.0064	0.0027	0.0011	0.0004	0.0002	0.0001			
2	0.1850	0.1465	0.1125	0.0842	0.0446	0.0223	0.0107	0.0050	0.0023	0.0010	0.0004	0.0002	0.0001	
3	0.2158	0.1954	0.1687	0.1404	0.0892	0.0521	0.0286	0.0150	0.0076	0.0037	0.0018	0.0008	0.0004	0.0002
4	0.1888	0.1954	0.1898	0.1755	0.1339	0.0912	0.0573	0.0337	0.0189	0.0102	0.0053	0.0027	0.0013	0.0006
5	0.1322	0.1563	0.1708	0.1755	0.1606	0.1277	0.0916	0.0607	0.0378	0.0224	0.0127	0.0071	0.0037	0.0019
6	0.0771	0.1042	0.1281	0.1462	0.1606	0.1490	0.1221	0.0911	0.0631	0.0411	0.0255	0.0151	0.0087	0.0048
7	0.0385	0.0595	0.0824	0.1044	0.1377	0.1490	0.1396	0.1171	0.0901	0.0646	0.0437	0.0281	0.0174	0.0104
8	0.0169	0.0298	0.0463	0.0653	0.1033	0.1304	0.1396	0.1318	0.1126	0.0888	0.0655	0.0457	0.0304	0.0195
9	0.0065	0.0132	0.0232	0.0363	0.0688	0.1014	0.1241	0.1318	0.1251	0.1085	0.0874	0.0660	0.0473	0.0324
10	0.0023	0.0053	0.0104	0.0181	0.0413	0.0710	0.0993	0.1186	0.1251	0.1194	0.1048	0.0859	0.0663	0.0486
11	0.0007	0.0019	0.0043	0.0082	0.0225	0.0452	0.0722	0.0970	0.1137	0.1194	0.1144	0.1015	0.0843	0.0663
12	0.0002	0.0006	0.0015	0.0034	0.0113	0.0264	0.0481	0.0728	0.0948	0.1094	0.1144	0.1099	0.0984	0.0828
13	0.0001	0.0002	0.0006	0.0013	0.0052	0.0142	0.0296	0.0504	0.0729	0.0926	0.1056	0.1099	0.1061	0.0956
14		0.0001	0.0002	0.0005	0.0023	0.0071	0.0169	0.0324	0.0521	0.0728	0.0905	0.1021	0.1061	0.1025
15			0.0001	0.0002	0.0009	0.0033	0.0090	0.0194	0.0347	0.0533	0.0724	0.0885	0.0989	0.1025
16				0.0001	0.0003	0.0015	0.0045	0.0109	0.0217	0.0367	0.0543	0.0719	0.0865	0.0960
17					0.0001	0.0006	0.0021	0.0058	0.0128	0.0237	0.0383	0.0551	0.0713	0.0847
18						0.0002	0.0010	0.0029	0.0071	0.0145	0.0255	0.0397	0.0554	0.0706
19						0.0001	0.0004	0.0014	0.0037	0.0084	0.0161	0.0272	0.0408	0.0557
20							0.0002	0.0006	0.0019	0.0046	0.0097	0.0177	0.0286	0.0418
21							0.0001	0.0003	0.0009	0.0024	0.0055	0.0109	0.0191	0.0299
22								0.0001	0.0004	0.0013	0.0030	0.0065	0.0122	0.0204
23									0.0002	0.0006	0.0016	0.0036	0.0074	0.0133
24									0.0001	0.0003	0.0008	0.0020	0.0043	0.0083
25										0.0001	0.0004	0.0011	0.0024	0.0050
26											0.0002	0.0005	0.0013	0.0029
27											0.0001	0.0002	0.0007	0.0017
28												0.0001	0.0003	0.0009
29													0.0002	0.0004
30													0.0001	0.0002
31														0.0001

表 A-2 标准正态分布表

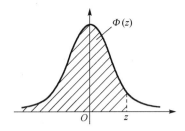

z	0.00	0.01	0.02	0.03	0.04	0.05	0.06	0.07	0.08	0.09
0.0	0.5000	0.5040	0.5080	0.5120	0.5160	0.5199	0.5239	0.5279	0.5319	0.5359
0.1	0.5398	0.5438	0.5478	0.5517	0.5557	0.5596	0.5636	0.5675	0.5714	0.5753
0.2	0.5793	0.5832	0.5871	0.5910	0.5948	0.5987	0.6026	0.6064	0.6103	0.6141
0.3	0.6179	0.6217	0.6255	0.6293	0.6331	0.6368	0.6406	0.6443	0.6480	0.6517
0.4	0.6554	0.6591	0.6628	0.6664	0.6700	0.6736	0.6772	0.6808	0.6844	0.6879
0.5	0.6915	0.6950	0.6985	0.7019	0.7054	0.7088	0.7123	0.7157	0.7190	0.7224
0.6	0.7257	0.7291	0.7324	0.7357	0.7389	0.7422	0.7454	0.7486	0.7517	0.7549
0.7	0.7580	0.7611	0.7642	0.7673	0.7703	0.7734	0.7764	0.7794	0.7823	0.7852
0.8	0.7881	0.7910	0.7939	0.7967	0.7995	0.8023	0.8051	0.8078	0.8106	0.8133
0.9	0.8159	0.8186	0.8212	0.8238	0.8264	0.8289	0.8315	0.8340	0.8365	0.8389
1.0	0.8413	0.8438	0.8461	0.8485	0.8508	0.8531	0.8554	0.8577	0.8599	0.8621
1.1	0.8643	0.8665	0.8686	0.8708	0.8729	0.8749	0.8770	0.8790	0.8810	0.8830
1.2	0.8849	0.8869	0.8888	0.8907	0.8925	0.8944	0.8962	0.8980	0.8997	0.9015
1.3	0.9032	0.9049	0.9066	0.9082	0.9099	0.9115	0.9131	0.9147	0.9162	0.9177
1.4	0.9192	0.9207	0.9222	0.9236	0.9251	0.9265	0.9278	0.9292	0.9306	0.9319
1.5	0.9332	0.9345	0.9357	0.9370	0.9382	0.9394	0.9406	0.9418	0.9430	0.9441
1.6	0.9452	0.9463	0.9474	0.9484	0.9495	0.9505	0.9515	0.9525	0.9535	0.9545
1.7	0.9554	0.9564	0.9573	0.9582	0.9591	0.9599	0.9608	0.9616	0.9625	0.9633
1.8	0.9641	0.9648	0.9656	0.9664	0.9671	0.9678	0.9686	0.9693	0.9700	0.9706
1.9	0.9713	0.9719	0.9726	0.9732	0.9738	0.9744	0.9750	0.9756	0.9762	0.9767
2.0	0.9772	0.9778	0.9783	0.9788	0.9793	0.9798	0.9803	0.9808	0.9812	0.9817
2.1	0.9821	0.9826	0.9830	0.9834	0.9838	0.9842	0.9846	0.9850	0.9854	0.9857
2.2	0.9861	0.9864	0.9868	0.9871	0.9874	0.9878	0.9881	0.9884	0.9887	0.9890
2.3	0.9893	0.9896	0.9898	0.9901	0.9904	0.9906	0.9909	0.9911	0.9913	0.9916
2.4	0.9918	0.9920	0.9922	0.9925	0.9927	0.9929	0.9931	0.9932	0.9934	0.9936
2.5	0.9938	0.9940	0.9941	0.9943	0.9945	0.9946	0.9948	0.9949	0.9951	0.9952
2.6	0.9953	0.9955	0.9956	0.9957	0.9959	0.9960	0.9961	0.9962	0.9963	0.9964
2.7	0.9965	0.9966	0.9967	0.9968	0.9969	0.9970	0.9971	0.9972	0.9973	0.9974
2.8	0.9974	0.9975	0.9976	0.9977	0.9977	0.9978	0.9979	0.9979	0.9980	0.9981
2.9	0.9981	0.9982	0.9982	0.9983	0.9984	0.9984	0.9985	0.9985	0.9986	0.9986
3.0	0.9987	0.9990	0.9993	0.9995	0.9997	0.9998	0.9998	0.9999	0.9999	1.0000